建筑工程细部节点做法与施工工艺图解丛书

给水排水工程细部节点做法与施工工艺图解

丛书主编：毛志兵

本书主编：张晋勋

中国建筑工业出版社

图书在版编目（CIP）数据

给水排水工程细部节点做法与施工工艺图解/张晋勋主编. —北京：中国建筑工业出版社，2018.7（2022.11重印）
（建筑工程细部节点做法与施工工艺图解丛书/丛书主编毛志兵）
ISBN 978-7-112-22212-4

Ⅰ.①给… Ⅱ.①张… Ⅲ.①建筑工程-给水工程-节点-细部设计-图解②建筑工程-排水工程-节点-细部设计-图解③建筑工程-给水工程-工程施工-图解④建筑工程-排水工程-工程施工-图解 Ⅳ.①TU82-64

中国版本图书馆CIP数据核字（2018）第100448号

　　本书以通俗、易懂、简单、经济、使用为出发点，从节点图、实体照片、工艺说明三个方面解读工程节点做法。本书分为室内给水系统；排水系统；室内热水系统；卫生洁具；管道伸缩补偿；室内采暖系统；室外给水排水系统；热源及辅助设施；管线深化共9章。提供了100多个常用细部节点做法，能够对项目基层管理岗位及操作层的实体操作及质量控制有所启发和帮助。
　　本书是一本实用性图书，可以作为监理单位、施工企业、一线管理人员及劳务操作层的培训教材。

责任编辑：张　磊
责任校对：王　瑞

建筑工程细部节点做法与施工工艺图解丛书
给水排水工程细部节点做法与施工工艺图解
丛书主编：毛志兵
本书主编：张晋勋
*
中国建筑工业出版社出版、发行（北京海淀三里河路9号）
各地新华书店、建筑书店经销
北京红光制版公司制版
北京盛通印刷股份有限公司印刷
*
开本：850×1168毫米　1/32　印张：5⅛　字数：141千字
2018年11月第一版　2022年11月第八次印刷
定价：**28.00**元
ISBN 978-7-112-22212-4
（32001）

编写委员会

主　　编：毛志兵

副 主 编：（按姓氏笔画排序）

冯　跃　刘　杨　刘明生　刘爱玲　李　明

杨健康　吴　飞　吴克辛　张云富　张太清

张可文　张晋勋　欧亚明　金　睿　赵福明

郝玉柱　彭明祥　戴立先

审定委员会

（按姓氏笔画排序）

马荣全　王　伟　王存贵　王美华　王清训　冯世伟

曲　慧　刘新玉　孙振声　李景芳　杨　煜　杨嗣信

吴月华　汪道金　张　涛　张　琨　张　磊　胡正华

姚金满　高本礼　鲁开明　薛永武

审定人员分工

《地基基础工程细部节点做法与施工工艺图解》

    中国建筑第六工程局有限公司顾问总工程师：王存贵

    上海建工集团股份有限公司副总工程师：王美华

《钢筋混凝土结构工程细部节点做法与施工工艺图解》

    中国建筑股份有限公司科技部原总经理：孙振声

    中国建筑股份有限公司技术中心总工程师：李景芳

    中国建筑一局集团建设发展有限公司副总经理：冯世伟

    南京建工集团有限公司总工程师：鲁开明

《钢结构工程细部节点做法与施工工艺图解》

    中国建筑第三工程局有限公司总工程师：张琨

    中国建筑第八工程局有限公司原总工程师：马荣全

    中铁建工集团有限公司总工程师：杨煜

    浙江中南建设集团有限公司总工程师：姚金满

《砌体工程细部节点做法与施工工艺图解》

    原北京市人民政府顾问：杨嗣信

    山西建设投资集团有限公司顾问总工程师：高本礼

    陕西建工集团有限公司原总工程师：薛永武

《防水、保温及屋面工程细部节点做法与施工工艺图解》

    中国建筑业协会建筑防水分会专家委员会主任：曲惠

    吉林建工集团有限公司总工程师：王伟

《装饰装修工程细部节点做法与施工工艺图解》

中国建筑装饰集团有限公司总工程师：张涛

温州建设集团有限公司总工程师：胡正华

《安全文明、绿色施工细部节点做法与施工工艺图解》

中国新兴建设集团有限公司原总工程师：汪道金

中国华西企业有限公司原总工程师：刘新玉

《建筑电气工程细部节点做法与施工工艺图解》

中国建筑一局（集团）有限公司原总工程师：吴月华

《建筑智能化工程细部节点做法与施工工艺图解》

《给水排水工程细部节点做法与施工工艺图解》

《通风空调工程细部节点做法与施工工艺图解》

中国安装协会科委会顾问：王清训

本书编委会

主编单位： 北京城建集团有限责任公司

参编单位： 北京城建集团有限责任公司工程总承包部

北京城建集团工程总承包机电安装部

北京城建安装集团有限公司

北京城建建设工程有限公司

北京城五工程建设有限公司

主　　编： 张晋勋

副 主 编： 颜钢文　李振威

编写人员：（按首字母排序）

车　越　白红吉　方国良　冯智伟　郭沛然

李振威　李启龙　刘振宁　刘计宅　刘永华

罗夕华　吕　卓　宁新国　权兆祺　苏小惠

谭　俊　谢会雪　颜钢文　闫占峰　杨会中

张　正

丛 书 前 言

过去的 30 年，是我国建筑业高速发展的 30 年，也是从业人员数量井喷的 30 年，不可避免的出现专业素质参差不齐，管理和建造水平亟待提高的问题。

随着国家经济形势与发展方向的变化，一方面建筑业从粗放发展模式向精细化发展模式转变，过去以数量增长为主的方式不能提供行业发展的动力，需要朝品质提升、精益建造方向迈进，对从业人员的专业水准提出更高的要求；另一方面，建筑业也正由施工总承包向工程总承包转变，不仅施工技术人员，整个产业链上的工程设计、建设监理、运营维护等项目管理人员均需要夯实专业基础和提高技术水平。

特别是近几年，施工技术得到了突飞猛进的发展，完成了一批"高、大、精、尖"项目，新结构、新材料、新工艺、新技术不断涌现，但不同地域、不同企业间发展不均衡的矛盾仍然比较突出。

为了促进全行业施工技术发展及施工操作水平的整体提升，我们组织业界有代表性的大型建筑集团的相关专家学者共同编写了《建筑工程细部节点做法与施工工艺图解丛书》，梳理经过业界检验的通用标准和细部节点，使过去的成功经验得到传承与发扬；同时收录相关部委推广与推荐的创优做法，以引领和提高行业的整体水平。在形式上，以通俗易懂、经济实用为出发点，从节点构造、实体照片（BIM 模拟）、工艺要点等几个方面，解读工程节点做法与施工工艺。最后，邀请业界顶尖专家审稿，确保本丛书在专业上的严谨性、技术上的科学性和内容上的先进性。使本丛书可供广大一线施工操作人员学习研究、设计监理人员作业的参考、项目管理人员工作的借鉴。

本丛书作为一本实用性的工具书，按不同专业提供了业界实践后常用的细部节点做法，可以作为设计单位、监理单位、施工企业、一线管理人员及劳务操作层的培训教材，希望对项目各参建方的操作实践及品质控制有所启发和帮助。

本丛书虽经过长时间准备、多次研讨与审查、修改，仍难免存在疏漏与不足之处。恳请广大读者提出宝贵意见，以便进一步修改完善。

丛书主编：毛志兵

本 册 前 言

　　本分册根据《建筑工程施工细部节点做法与施工工艺图解》编委会的要求，由北京城建集团有限公司、北京城建集团有限公司工程总承包机电安装部、北京城建安装集团有限公司、北京城建建设工程有限公司、北京城五工程建设有限公司共同编制。

　　在编写过程中，编写组认真研究了《建筑给水排水及采暖工程施工质量验收规范》GB 50242—2002、《自动喷水灭火系统施工及验收规范》GB 50261—2017、《固定消防炮灭火系统施工与验收规范》GB 50498—2009、《建筑机电工程抗震设计规范》GB 50981—2014 等有关资料和图集，结合编制组施工经验进行编制，并组织北京城建团有限责任公司内、外专家进行审查后定稿。

　　本分册主要内容有：管道连接、设备安装、卫生器具安装、室外管线安装等，每个节点包括实景或 BIM 图片及工艺说明两部分，力求做到图文并茂、通俗易懂。

　　本分册编制和审核过程中，参考了众多专著书刊，在此表示感谢。

　　由于时间仓促，经验不足，书中难免存在缺点和错漏，恳请广大读者指正。

目　　录

第一章　室内给水系统

010101　薄壁不锈钢管环压连接

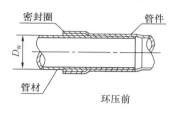

环压前

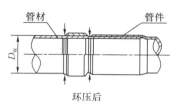

环压后

工艺说明：

（1）插入环压式管件承口时，插入长度应尽量接近承口长度。插入式严禁使用润滑剂，并避免环压密封圈扭曲变形、割伤或移位。

（2）连接时，连接件按管材正方向插入环压钳头色标方向。分两次环压，第一次环压，用液压油泵将两个半环压模块合拢至间隙为 2～3mm 时，松开环压模块；第二次环压，将环压钳头相对于管材管件轴线旋转30°～90°后，再用液压油泵使两个半环压模块完全合拢。此时通过环压工具产生的压力，使管材与管件局部内缩形成凹槽，达到所需的连接强度。同时密封圈产生压缩变形而充分填充管材管件的空隙，使管件端口内收至紧贴管材，从而达到密封效果。

1

010102　薄壁不锈钢管双卡压连接

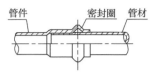

双卡压前

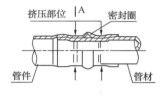

双卡压后

工艺说明：

（1）薄壁不锈钢管双卡压连接适用于管径 $DN \leqslant 100mm$。

（2）双卡压管件为密封圈内嵌式，不需要再单独安装密封圈。插入卡压式管件承口时，确保插入长度接近承口长度即可。

（3）双卡压组件着色挡板必须指向管材方向。

（4）双卡压作业时，将卡压钳凹槽安置在接头本体圆弧凸出部位，通过压接工具产生恒定的压力，使管件和管材的外形微变形，在接头本体圆弧突出部位两侧各压出一道锁固凹槽。

010103 薄壁不锈钢管沟槽式连接

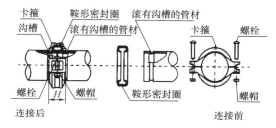

工艺说明:

(1) 滚槽时需严格控制管材轴心平整度、滚槽机转速及加工时间,确保沟槽尺寸,管断面无褶皱、裂纹、起皮。

(2) 密封圈安装时内侧用清洁剂涂抹(严禁油性润滑剂),其鞍形两侧分别套在被连接管道端口处。

(3) 在橡胶密封圈外侧安装卡箍件,然后把卡箍件的内缘全圆周嵌固在沟槽内。

(4) 压紧卡箍件至端面闭合后,安装紧固螺栓和螺帽,匀称拧紧,要求密封圈不起皱、不外凸。

010104 压接薄壁不锈钢管转换接头（连接阀门）

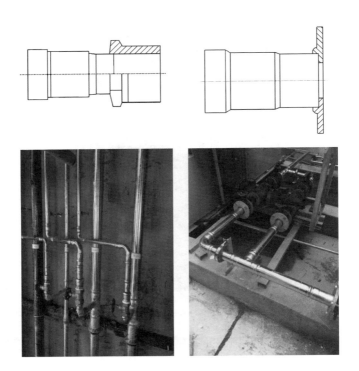

工艺说明：

压接（卡压、环压）管道与阀门连接时，使用配套转换接头，与螺纹连接阀门需使用外螺纹转换接头，与法兰式阀门连接需使用法兰接口短管及嵌套式法兰盘。

010105　PPR 塑料管连接

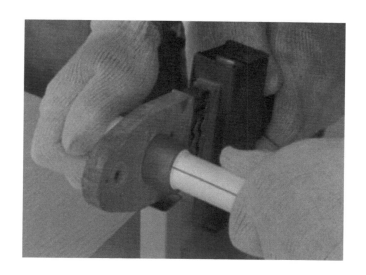

工艺说明：

（1）熔接时正常熔接温度在 260~290℃ 范围内。

（2）管材切割采用专用管剪切断，管剪刀片卡口应调整到与所切割管径相符，旋转切断时应均匀加力，断管时，断面应同管轴线垂直，切断后，断口整圆截面无毛刺。

（3）连接前，应先清除管道及附件上的灰尘及异物。热熔焊接时，切勿旋转。

（4）必须佩戴防护手套，防止烫伤。

010106　PE塑料管热熔连接

工艺说明：

(1) 保持焊接管道与管件平整，用水平尺调整，并紧固到焊机上。

(2) 置入铣刀，先打开铣刀电源开关，然后再合拢管材两端，并加以适当的压力，直到两端有连续的切屑出现后（切屑厚度为0.5～10mm，通过调节铣刀片的高度可调节切屑厚度），撤掉压力，略等片刻，再退开活动架，关闭铣刀电源。

(3) 检查两端对齐情况：管材两端的错位量不能超过壁厚的10%。

(4) 置入加热板，施加压力，直到小卷边的高度符合要求时，迅速取出加热板，合拢在一起，焊接完成。

010107　管道穿楼板防火封堵做法

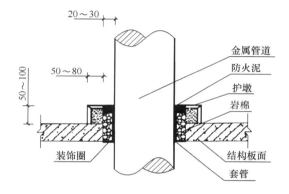

工艺说明：管道穿楼板处根部应设套管或护墩，套管与管道之间缝隙应用阻燃密实材料和防水油膏填实，端面光滑。

010108　管道穿楼板防水钢套管做法

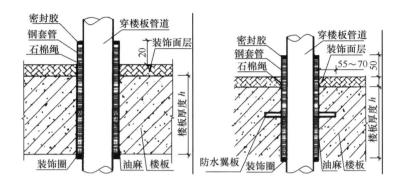

　　工艺说明：

　　先按管道规格及所穿楼板厚度切割套管（套管比立管大 1～2 号，套管间隙 10～20mm 为宜，套管高出装饰面 20～30mm，有水房间 50mm），套管规格应考虑管道保温或保冷层厚度，使保温或保冷层在套管内不间断，套管安装前内外刷防锈漆，按所需数量套入管道，调直固定好立管，用木楔把套管临时固定于洞口，用捻凿把油麻填塞于套管间隙的 2/3 处（有防水要求房间时，钢套管应焊防水翼板）。调整套管与管道的同心度，套管与板底平齐，套管与管道之间的缝隙用石棉绳封堵严密。补洞混凝土浇筑完成后其余间隙填塞石棉绳，套管顶部用防水油膏填实，防水油膏要求与套管上部平齐，均匀光滑，套管底部安装饰圈，板面上外露套管刷黑色或灰色油漆，管道为 PVC 管，设计有阻火圈时，底部应加阻火圈。

010109　室内水表安装

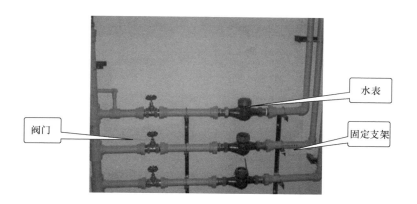

阀门

水表

固定支架

工艺说明：

　　水表应安装在便于检修，不受暴晒、污染和冻结的地方。安装螺翼式水表，表前与阀门应有不小于 8 倍水表接口直径的直线管段。表外壳距墙表面净距为 10～30mm，水表进水口中心标高按设计要求，允许偏差±10mm；在阀门和水表处安装固定支架。

010110 管道电伴热保温

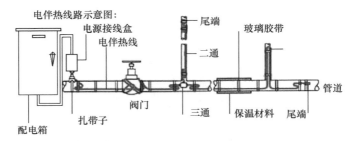

工艺说明：

(1) 管道电伴热保温前管路需安装完毕，且已完成压力试验和严密性试验。

(2) 管道表面光滑，无毛刺，避免破坏电伴热带外绝缘层。

(3) 按照设计要求选择合适功率的电伴热带及安装方式。

(4) 管道电伴热施工包括电伴热带安装，配电系统安装，温控系统安装。

010111　不锈钢水箱安装

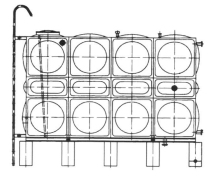

工艺说明：

（1）不锈钢水箱安装平正、牢固，标高位置正确，几何尺寸符合要求。水箱高度不宜超过3m。当水箱高度大于1.5m时，水箱内外应设爬梯。

（2）建筑物内水箱侧壁与墙面间距不宜小于0.7m，安装有管道的侧面，净距离不宜小于1.0m；水箱与室内建筑凸出部分间距不宜小于0.5m；水箱顶部与楼板间距不宜小于0.8m；水箱底部应架空，距地面不宜小于0.5m，并应有排水条件。

（3）不锈钢水箱不允许与碳素钢接触，应采用热镀锌型钢或按有关规定执行。

010112 板式换热器安装

工艺说明：

（1）安装板式换热器的位置周围要预留一定的检验及维修场地。

（2）安装前要对与其连接的管路进行清洗，避免砂石、油污、焊渣等杂物进入板式换热器，造成流道梗阻或损伤板片。

（3）注意板式换热器的开、停机顺序。开机时，先打开低压侧介质阀门，介质充满板式换热器通道后再缓慢打开高压侧介质阀门；停机时，先关闭高压侧介质阀门，然后再关闭低压侧介质阀门。

（4）投入使用前检查所有夹紧螺栓是否有松动，如有应拧紧。

010113　隔膜式气压罐安装

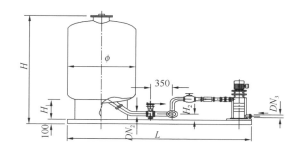

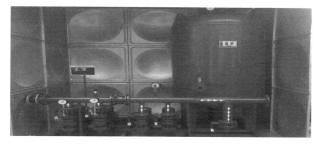

工艺说明：

（1）气压水罐设有泄水装置，在管路上应有安全阀、远传水表等附件，设备与墙面或其他设备之间应留有不小于700mm间距。

（2）设备的连接管道、配件、气压水罐等外表面应刷防锈漆两道，气压水罐内表面应刷无毒防腐涂料。

（3）设备应进行整体水压试验、水压强度试验及严密性试验，要求按现行有关规定执行。

010114　室内卧式水泵安装

工艺说明：

　　水泵就位前的基础混凝土强度、坐标、标高、尺寸和螺栓孔位置必须符合设计规定。基础浇注成型后，如表面水平不符合要求，安装前要进行修整，垫铁应布置在地脚螺栓两边和底座承力部位处，相邻两垫铁组间距为250～500mm为宜。每组垫铁不应超过3块，垫铁放置要求平整。安装前，先将已画线的基础清理干净，然后放置好垫铁，再在轴承座上找出十字中心线，并做好标记，最后将泵体、电机就位。

010115　给水水箱配套设备安装做法

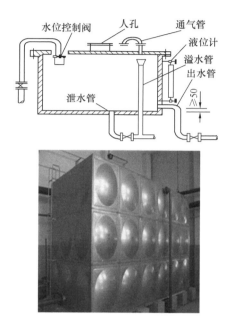

工艺说明：

（1）水箱进水口和出水口按设计要求预留法兰口。

（2）透气管安装90°下翻弯头，弯头下设置防虫网。

（3）水箱溢流管和排污口不得直接与排污管连接。溢流管的管径应根据最大入水量确定，并宜比进水管管径大一级，溢流管出口末端应设置防护网，与排水系统不得直接连接，并应有不小于0.2m的空气间隙。

010116 消火栓管道安装

工艺说明：

（1）安装前先进行综合布排，平行布置的同类型管道宜采用共架。

（2）消防管一般采用热镀锌钢管，$DN<100$mm 丝扣连接，$DN\geqslant100$mm，沟槽连接。

（3）横管吊架（托架）应设置在接头（刚性接头、挠性接头、支管接头）两侧和三通、四通、弯头、异径管等管件上下游连接接头的两侧。吊架（托架）与接头的间距不宜小于 150mm 和大于 300mm。

（4）应在下列位置设置固定支架：进水立管的底部；立管接出支管的三通、四通、弯头的部位；立管因自由长度较长而需要支撑立管重量的部位；横管接出支管与支管接头、三通、四通、弯头等管件连接的部位；其他需要控制管道伸缩的部位。

010117　消火栓支管安装

消火栓支管系统图

工艺说明：

（1）消火栓支管为 DN65 的镀锌钢管，丝扣连接，螺纹完整光滑，缺丝和断丝长度不得大于螺纹全长的 10％，根部应有外露螺纹 2～3 扣。

（2）消火栓支管应以栓阀的坐标、标高为基准定位甩口，核定后再稳定消火栓箱，箱体找正稳固后再把栓阀安装好。

（3）栓口应朝外，并不应安装在门轴侧，栓口中心距地面为 1.1m，允许偏差±20mm；阀门中心距箱侧面为 140mm，距箱后内表面为 100mm，允许偏差±5mm。

010118　明装消火栓箱的安装

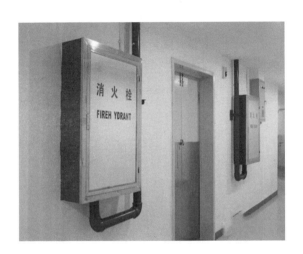

工艺说明：

（1）明装箱体安装前应核查箱体固定位置，墙体型式是否牢固，对轻质墙体或空心砖墙体应采取加固措施，做固定支架进行加固，箱门开启角度不应小于135°。

（2）安装室内消火栓时，必须取出箱内的水龙带、水枪等全部配件，箱体安装好后再全部复原；消火栓应安装平整牢固，各零件应齐全可靠。

010119 消防管道标识

工艺说明：

（1）消防管道试压完成后，根据设计要求进行管道刷漆，并做好管道色环和标识。

（2）管道标识位于机房、管井等易于观察处，展示其各管道系统的使用功能及关键控制点。

（3）标识应正确、清晰、美观。

010120 吊顶型喷头安装

喷淋系统支管

喷头居吊顶盖板中心

工艺说明：

（1）消防喷淋系统主干管道已经试压完毕，并验收合格，具备管道隐检条件。

（2）绘制装修平面图，根据吊顶盖板规格，绘制整体装修图，给盖板定位。

（3）在符合消防规范情况下，喷头布置应满足居中盖板美观要求。

010121 水泵入口管道连接做法

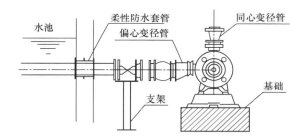

工艺说明:

(1) 螺栓外露丝扣长度不大于螺栓直径的 1/2，且长度一致。

(2) 螺栓朝向一致，螺母加设弹簧垫片，按照对角关系依次均匀紧固螺栓。

(3) 水平连接变径管应选用偏心变径管，且安装时要做到上平。垂直安装变径管一般均为同心变径管。

(4) 水泵与管道连接要加曲挠性接头。

010122 法兰式减压孔板安装

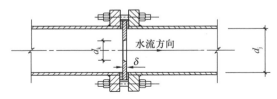

法兰式减压孔板结构示意图

工艺说明：

(1) 法兰式减压孔板安装应设在直径不小于50mm的水平直管段上，前后管段长度均不宜小于该管段直径的5倍。

(2) 沟槽与法兰间加橡胶垫，法兰式减压孔板安装完成后，需在前后两侧沟槽件300mm内加防晃支架。

(3) 减压孔板的孔径要符合设计要求。

010123　墙壁式消防水泵接合器安装

工艺说明：

（1）墙壁式水泵接合器就位后，水泵接合器本体用支架与 U 形夹固定。

（2）墙壁式水泵接合器安装高度宜为 700mm，与墙面上的门、窗孔、洞距离不应小于 2m，不得安装在玻璃幕墙下面。

（3）水泵接合器安装距离消防水池距离宜为 15～40m。

010124 地上式消防水泵接合器安装

工艺说明:

(1) 地上式水泵接合器安装,接口中心高度距离地面700mm。

(2) 安装位置应有明显标识,阀门位置应便于操作,接合器附近不得有障碍物,安全阀应按系统工作压力定压,防止消防车加压过高破坏室内管网及管件。

010125　地下式消防水泵接合器安装

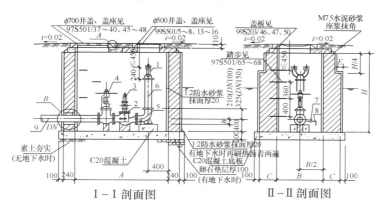

I－I 剖面图　　　　Ⅱ－Ⅱ 剖面图

件号	名　称	规　格	单位	数量	备注
1	消防接口本体	DN100或150	个	1	
2	止回阀	DN100或150	个	1	
3	安全阀	DN32	个	1	
4	闸阀	DN100或150	个	1	
5	90°弯头	DN100或150	个	1	
6	法兰接管	DN100或150	根	1	管长自定
7	截止阀	DN25	个	1	
8	镀锌钢管	DN25	m	0.4	
9	法兰直管	DN100或150	根	1	管长自定
10	阀门井		座	1	

工艺说明：

(1) 地下式水泵接合器就位后，水泵接合器本体用支架与U形夹固定。

(2) 地下式水泵接合器安装，进水口与井盖地面距离不应大于0.4m。

(3) 水泵接合器安装距离消防水池距离宜为15～40m。

010126　水流指示器安装－法兰

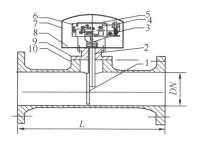

1	桨片
2	桨片杆
3	调整弹簧
4	调整螺母
5	振动开关
6	延时电路
7	外壳
8	塑壳底座
9	焊接法兰座
10	焊接底座

工艺说明：

（1）水流指示器的安装应在管道试压和冲洗合格后进行，应竖直安装在水平管上侧，其动作方向应和水流方向一致，安装后的水流指示器桨片、膜片应动作灵活，不应与管壁发生碰撞。

（2）沟槽与法兰间加橡胶垫，水流指示器安装完成后，需在前后两侧沟槽件300mm内加防晃支架。

（3）水流指示器与信号闸阀间距不小于300mm。

010127 水流指示器安装—丝扣

工艺说明：

（1）水流指示器的安装应在管道试压和冲洗合格后进行，应竖直安装在水平管上侧，其动作方向应和水流方向一致，安装后的水流指示器桨片、膜片应动作灵活，不应与管壁发生碰撞。

（2）在安装位置管道上安装机械三通，在丝扣处涂抹铅油，缠麻后带入管件，用管钳拧紧，去掉麻头，擦净铅油。

010128 水流指示器安装－马鞍式

工艺说明：

（1）水流指示器的安装应在管道试压和冲洗合格后进行，应竖直安装在水平管上侧，其动作方向应和水流方向一致，安装后的水流指示器桨片、膜片应动作灵活，不应与管壁发生碰撞。

（2）在安装位置管道上用开孔器开孔，然后将水流指示器安装在管道上，安装无误后，拧紧螺母。

010129　水流指示器安装－焊接式

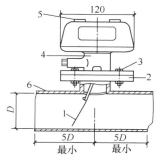

水流指示器构造示意图
1—桨片；2—法兰底座；3—螺栓；
4—本体；5—接线孔；6—管道

工艺说明：

（1）水流指示器的安装应在管道试压和冲洗合格后进行，应竖直安装在水平管上侧，其动作方向应和水流方向一致，安装后的水流指示器桨片、膜片应动作灵活，不应与管壁发生碰撞。

（2）在安装位置管道上用开孔器开孔，安装无误后，将水流指示器下短管与管道焊接。

（3）焊接后检查焊缝，不得有裂缝、气孔、夹渣等缺陷。

010130   室内消火栓系统管道螺纹连接

序号	安装步骤	安装图片
1	清理	
2	螺纹连接	外露螺纹2～3扣，清除填料，涂防锈漆
3	防腐	防锈漆

工艺说明：

（1）加工螺纹的套丝机必须带有自动度量设备，加工次数1～4次不等，管径15～32mm套2次，管径40～50mm套3次，管径65mm以上套3～4次；螺纹的加工做到端正、清晰、完整光滑，不得有毛刺、断丝，缺丝总长度不得超过螺纹长度的10％。

（2）管道连接前，先清理管口端面，并形成一定坡面；螺纹连接时，填料采用白厚漆麻丝或四氟乙烯生料带，一次拧紧，不得回拧，紧后留有螺纹2～3圈。

（3）管道连接后，把挤到螺纹外的填料清理干净，填料不得挤入管腔，同时对裸露的螺纹进行防腐处理。

010131 室内消火栓系统管道沟槽连接

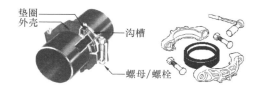

工艺说明：

（1）准备好符合要求的沟槽管段、配件和附件。钢管端面不得有毛刺，检查橡胶密封圈是否损伤，将其套上一根钢管的端部。

（2）将另一根钢管靠近已套上橡胶密封圈的钢管端部，两端间应按标准要求留有一定间隙，将橡胶密封圈套上另一根钢管端部，使橡胶密封圈位于接口中间部位，并在其周边涂抹润滑剂。

（3）在接口位置橡胶密封圈外侧将金属卡箍上、下接头凸边卡进沟槽内；压紧上、下接头的耳部，将上、下接头靠紧。

（4）在接头螺孔位置穿上螺栓，并均匀轮换拧紧螺母，以防止橡胶密封圈起皱；收紧力矩应适中，严禁用大扳手上紧小螺栓，以免收紧力过大，螺栓受损伤。

010132　消火栓立管安装

工艺说明：

（1）立管暗装在竖井内时，在管井内预埋铁件上安装卡件固定立管底部的支吊架要牢固，防止立管下坠。

（2）立管明装时，每层楼板要预留孔洞，立管可随结构穿入，以减少立管接口。

（3）立管穿过楼板时，应加设套管，套管高出装饰完成面20mm，套管与管道的间隙应采用不燃烧材料和防水油膏填塞密实。

010133　柔性防水套管安装

工艺说明：

（1）柔性防水套管一般适用于管道穿过墙壁之处受有振动或有严密防水要求的构筑物。

（2）套管在安装前内壁必须做防腐处理，半个法兰片、螺栓、胶皮垫圈先拆卸入库，等到混凝土拆模后安装，安装前用黄色胶带将套管两端封堵密实。

（3）套管穿墙处如遇非混凝土墙壁时，应局部改用混凝土墙壁，其浇筑范围应比翼环直径大 200mm，而且必须将套管一次浇固于墙内。

（4）穿管处混凝土墙厚应不小于 300mm，否则应使墙壁一边加厚或两边加厚，加厚部分的直径至少为翼环直径＋200mm。

（5）套管定位和安装：根据设计图纸查出套管标高、坐标；根据施工现场结构轴线、结构标高进行现场定位。套管安装采用套管两侧上下两端附加短筋，再用铅丝将附加短筋与结构钢筋绑扎牢固。安装完成后，套管应和墙面相垂直，套管中心线和管道设计中心线重合。

010134　刚性防水套管安装

工艺说明：

（1）穿屋面板时，套管顶部应高出装饰面150mm，套管底部与楼板底相平，翼环焊接在楼板高度的1/2处。

（2）穿墙设置的刚性防水套管与土建施工同步，固定在钢筋上，且保持水平。套管安装高度，必须符合设计要求。安装完毕后，在模板上用油漆作上标记，拆模后及时清理套管内杂物。

（3）穿楼板的防水套管应在安装立管时一同进行，并在进行预留孔洞修补前，把套管固定好；吊补洞分二次进行捣浇，第一次为孔洞高度的2/3，第二次为孔洞高度的1/3，以保证楼板面浇捣密实，防止渗水。

（4）防水套管填塞时，应先用油麻捻紧，程度为：稍比两管间隙大；再用麻凿打入间隙，然后用加10％的水的膨胀水泥由下至上依次打实。平套管口处要求平整，不得有凹凸现象。膨胀水泥捻实后，须经24h养护，保证接口不漏水。在填塞过程中，应注意保证套管与管道间的环型间隙一致。

010135 暗装消火栓箱安装

工艺说明：

（1）暗装箱应在土建主体施工时做好预留洞工作，预留洞体一般大于箱体尺寸 50～100mm。

（2）消防箱内的击碎按钮设置应与开门方向一致，对于 1.8m 高的消火栓箱，电气分线盒高度可设在 1.5m 处，在预留洞侧面留分线盒，电气配合完成穿线隐蔽工作。

（3）安装消火栓箱时应保持与墙体最终装饰面平齐，箱体安装时应找正找垂直，在预留洞内稳固时采用木楔加固四角，不可加固边框以防止变形，加固好的消火栓箱体应及时填补洞与箱的边隙，填补工作最好由土建配合以保证不产生裂缝。

010136　半明半暗室内消火栓箱安装

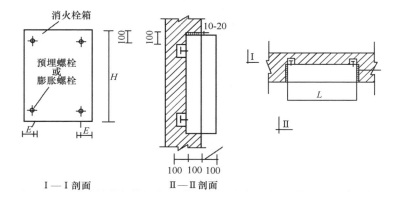

Ⅰ—Ⅰ剖面　　Ⅱ—Ⅱ剖面

工艺说明：

（1）采用半明半暗安装前，需在土建砌砖墙时，预留好消火栓箱洞，也可事先钉好一个比消火栓箱尺寸稍大一些的木盒，按照图纸的位置、标高，预埋在墙体内。

（2）正式安装时，拆除木盒，当消火栓箱就位安装时，应根据高度和位置尺寸找正找平，使箱边沿与抹灰墙保持水平，再用水泥砂浆塞满箱四周空间，将箱稳固。

010137 喷洒头支管安装

工艺说明：

（1）吊顶型喷洒头的末端支管与吊顶装修同步进行。吊顶龙骨装完，根据吊顶材料厚度定出喷洒头的预留口标高，按吊顶装修图确定喷洒头的坐标，使支管预留口做到位置准确。

（2）支管管径一般为25mm，末端用25mm×15mm的异径弯头接口，拉线安装。支管末端弯头处的固定支架距喷头应不小于300mm，且不大于750mm。防止喷头与吊顶接触不牢，上下错动。

（3）支管装完，预留口用丝堵拧紧。

010138　下喷型喷头安装

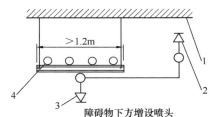

障碍物下方增设喷头
1—顶板；2—直立型喷头；3—下垂型喷头；
4—排管(或梁、通风管道、桥架等)；

工艺说明：
(1) 下喷型喷头通常在支管安装好后再进行安装。
(2) 下喷型喷头通常安装在成排管道下方，梁下或者其他直立型喷头不方便安装的地方。

010139　直立型喷头安装

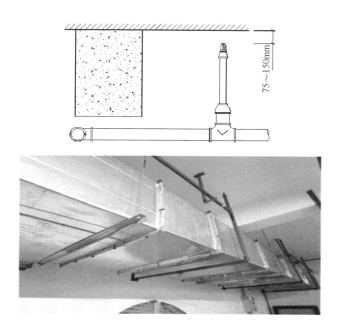

工艺说明：

（1）直立型喷头又叫上喷喷头，在有条件的情况下可与支管同时安装好。

（2）其他管道安装完后不易操作的位置也应先安装好直立型喷洒头。

010140　　吊顶型喷头安装

工艺说明：

（1）吊顶型喷洒头一般在吊顶板装完后进行安装，安装时应采用专用扳手。

（2）喷头平面位置的准确性主要受水平支管的安装质量影响，所以，水平支管的位置必须保证准确。喷头的安装高度则受水平支管标高、天花板标高的影响。因此，连接喷头的垂直短管，应在水平支管固定牢靠、天花板龙骨调整完毕后再进行制作、安装。

（3）天花板开孔的位置要准确，中心误差不宜过大，开孔大小应合适，过大影响外观，过小则影响施工操作和喷头的动作灵敏度。一般情况下，开孔直径以大于支撑盖最大外径为宜。

（4）安装在易受机械损伤处的喷头，应加设防护罩。

（5）喷洒头丝扣填料应采用聚四氟乙烯带。

010141　边墙型喷头安装

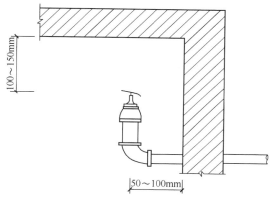

工艺说明：

（1）在吊顶、屋面板、楼板下安装边墙型喷头时；其两侧1m和墙面垂直方向2m范围内，均不得有阻碍物。

（2）喷头距吊顶、楼板、屋面板的距离不应小于100mm，并不应大于150mm；距边墙的距离不应小于50mm；并不应大于100mm。

（3）沿墙布置边墙型喷头时，喷头间距对中危险级不应大于3.6m，轻危险级不应大于4.6m。

010142 隐蔽式喷头安装

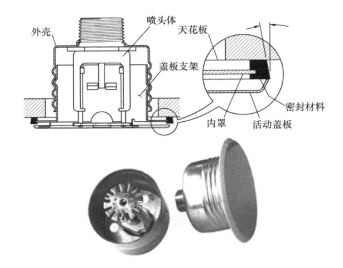

工艺说明：

（1）需使用厂家提供的专用扳手安装。

（2）安装前分离喷头（外罩连同外罩座）时，应顺螺纹轻轻拧下并妥善放入泡沫盒中。

（3）安装时，在喷头的螺纹处缠绕足够的生料带后用手轻轻将喷头拧入管件螺纹中，再用专用扳手将喷头拧上，喷头底座与管件应保留2～3mm间隙。

（4）喷头的易熔合金片和喷头框架比较脆弱，安装时扳手不可碰撞易熔合金片和碰头框架，否则容易导致喷头误喷。

（5）隐蔽式喷头不可重复安装，一旦安装过一次即不能再次使用。

010143　集热罩安装

上喷式喷淋头集热罩

下喷式喷淋头集热罩

侧喷式喷淋头集热罩

工艺说明：

（1）当消防喷淋头的安装位置与屋顶的距离大于30cm，应安装集热罩。

（2）消防喷淋集热罩分为上喷式、下喷式和侧喷式，根据现场喷淋的安装情况选用集热罩，集热罩面积不应小于 $1200mm^2$。

（3）为有利于集热，要求集热挡水板的周边向下弯边，弯边的高度要与喷头溅水盘平齐。

（4）在货架内的喷头上方如有空洞、缝隙，应在喷头的上方设置集热罩。

010144　末端试水装置安装

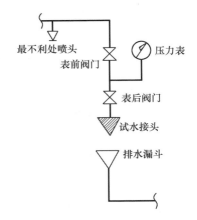

工艺说明：

（1）安装顺序为先装表前阀门，再装压力表，然后装表后阀门，最后安装试水接头。

（2）一般情况下压力表前阀常开，压力表后阀常闭，这样可以观察管网静压，试验时先关闭表前阀，打开表后阀，然后突然打开表前阀，这样可以观察管网动压。

010145 设备地脚螺栓保护措施

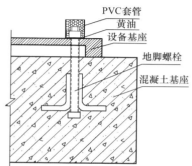

工艺说明：

（1）采用 PVC 套管对外露地脚螺栓进行保护。

（2）根据螺栓外露长度，确定套管的直径及高度，成排或同一区域内螺栓外露长度应一致，以确保套管高度一致且覆盖螺栓顶面 5mm。套管直径与螺母直径匹配，套管安装后用黄油填塞套管与螺栓之间的间隙，上口与套管平齐。

（3）套管规格与螺栓匹配且同一区域内直径、高度、色泽一致，黄油密封严密，表面平齐。

010146 干式报警阀组安装

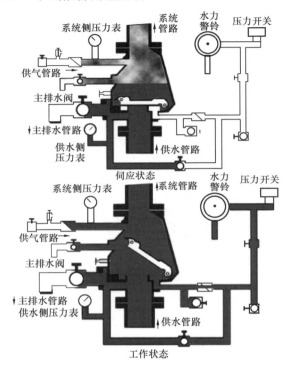

伺应状态

工作状态

工艺说明：

（1）干式报警阀组应安装在不发生冰冻的场所。

（2）安装完成后，应向报警阀气室注入高度为50～100mm的清水。充气连接管接口应在报警阀气室充注水位以上部位，且充气连接管的直径不应小于15mm，止回阀、截止阀应安装在充气连接管上。

（3）安全排气阀应安装在气源与报警阀之间，且应靠近报警阀。加速器应安装在靠近报警阀的位置，且应有防止水进入加速器的措施。低气压预报警装置应安装在配水干管一侧。

010147 湿式报警阀组安装

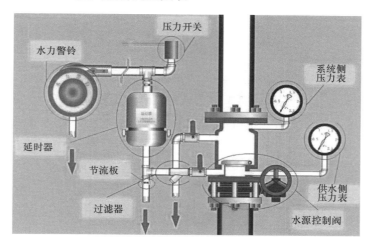

工艺说明：

（1）湿式报警阀应安装在便于观察和操作处，并留有维修空间，阀体应垂直安装。

（2）报警阀组的安装应先安装水源控制阀、报警阀，再进行报警阀辅助管道的连接。报警阀应安装在明显且便于操作的地点，距地面高度为 1.2m，应确保两侧距墙不小于 0.5m；正面距离墙不小于 1.2m，安装报警阀的室内地面应有排水设施。

（3）延时器安装后内部不允许有杂物，以免堵塞，报警水流通路上的过滤器应安装在延时器前，且便于排渣操作的位置。

（4）警铃和报警阀的连接应采用镀锌钢管，当公称直径为 15mm 时，其长度不应大于 6m；当公称直径为 20mm 时，其长度不应大于 20m。压力开关应竖直安装在通往水力警铃的管道上；且不应在安装中拆装改动，安装牢固，动作灵敏。

010148　雨淋阀安装

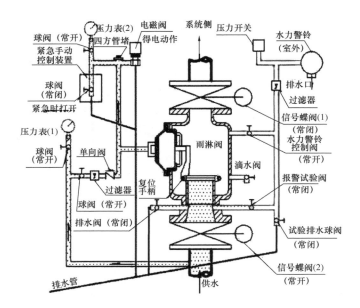

工艺说明：

（1）报警阀应该安装在便于观察和易于接近的地方，周围留出约500mm的空间以便于安装和维修。

（2）雨淋阀的供水侧和系统侧必须安装控制阀门，安装前管道必须经过冲洗。可以垂直、水平安装雨淋阀，但注意电磁阀的安装始终应保持电磁阀的磁芯呈垂直状态。

（3）复位球阀和紧急手动快开阀必需严谨操作，以防造成损失。雨淋阀的入口前，必须设置过滤阀，防止因水中有杂质造成雨淋阀渗漏或误动作。

（4）多台并联安装的雨淋阀组，雨淋阀控制腔的入口应设止回阀，以防止雨淋阀误动作。

010149　消防水炮安装

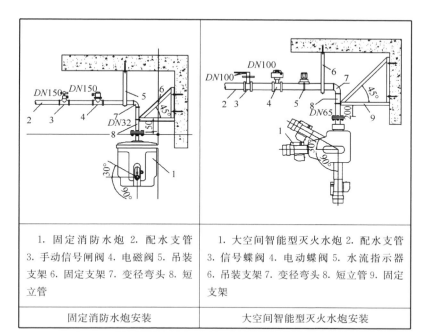

1. 固定消防水炮 2. 配水支管 3. 手动信号闸阀 4. 电磁阀 5. 吊装支架 6. 固定支架 7. 变径弯头 8. 短立管	1. 大空间智能型灭火水炮 2. 配水支管 3. 信号蝶阀 4. 电动蝶阀 5. 水流指示器 6. 吊装支架 7. 变径弯头 8. 短立管 9. 固定支架
固定消防水炮安装	大空间智能型灭火水炮安装

工艺说明：

（1）阀门安装：固定消防炮系统中信号蝶阀、电动蝶阀、水流指示器需顺序安装并且每两个阀门之间安装距离应大于300mm。电动蝶阀在进行安装时，需注意预留消防电专业接线尺寸。大空间智能型灭火水炮系统中手动信号闸阀、电磁阀需顺序安装并且每两个阀门之间安装距离应大于300mm。

（2）在精装效果要求较高的项目中，水炮安装支架形式应与装饰装修专业密切配合，保证水炮安装后整体的美观性。

010150 消防泵安装

工艺说明:

(1) 泵组排列整齐、美观,支架设置牢固、统一,周围留出安装和维修空间。

(2) 安装管路时,进、出水管路都应有各自的支承,不应使泵的法兰承受过大的管路重量。

(3) 泵安装位置应尽可能靠近水源处。水泵用于有吸程场合,进水管端应装有底阀,并且进出口管路不应有过多弯道,同时不得有漏水、漏气现象存在。

(4) 在进口管路需装过滤网,以防杂质进入叶轮内部。

(5) 进口如需扩径连接,应选用偏心异径管道接头。

010151　增压稳压设备安装

工艺说明：

（1）增压稳压设备的气压罐，其容积、气压、水位及工作压力应符合国家标准和建筑消防设计要求。

（2）增压稳压设备上的安全阀、压力表等的安装应符合产品使用说明书的要求。

（3）增压稳压设备安装位置、进水管及出水管方向应符合设计要求；安装时其四周应设检修通道，其宽度不应小于0.7m，消防气压给水设备顶部至楼板或梁底的距离不得小于1.0m。

（4）设备到现场须拆箱清点。安装就位须找平、灌浆。管路连接与电控接线须对照图纸，核对无误。

（5）设备安装完后，须对设备调试与试运转。包括水泵的启停控制，各个阀门的开关，以及设备清洗、充水后的试运转。

010152　灭火剂储存装置安装

工艺说明：

　　储存装置的安装位置要符合设计要求。压力表、液位计和称重显示装置安装位置要便于人员观察和操作。泄压装置的泄压方向不应朝向操作面，CO_2 灭火系统的安全阀要通过专用的泄压管接至室外。支架、框架固定牢固，需做防腐处理。储存容器宜涂红色油漆，正面标明灭火剂名称和容器编号。连接储存容器与集流管间的单向阀指示箭头应指向流动方向。安装集流管前检查内腔，确保清洁。集流管泄压装置的泄压方向不应朝向操作面。

010153　灭火剂瓶架安装

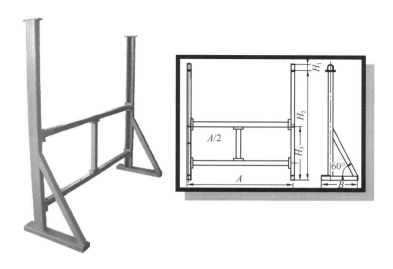

工艺说明：用于安放和固定灭火剂贮存容器、安放集流管，防止瓶组和集流管工作时晃动。瓶组支架可参照上图安装形式，主要由左柱、右柱、中柱、中支柱、上梁、下梁和管箍组成。

010154　选择阀及信号反馈装置安装

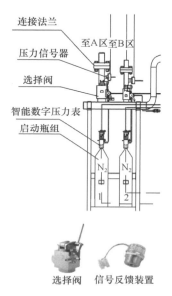

连接法兰
至A区　至B区
压力信号器
选择阀
智能数字压力表
启动瓶组

选择阀　　信号反馈装置

工艺说明：

(1) 选择阀门操作手柄安装在操作面的一侧，当安装高度超过1.7m时采用便于操作的措施。采用螺纹连接的选择阀，其与管网连接处宜采用活接；选择阀的流向指示箭头要指向介质流动方向；选择阀上要设置标明防护区或保护对象名称或编号的永久性标志牌，并应便于观察。

(2) 信号反馈装置的安装符合设计要求。

010155 灭火剂输送管道及配件安装

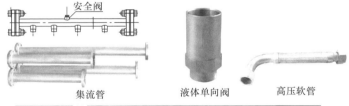

集流管　　　　　　液体单向阀　　　　高压软管

工艺说明:

(1)采用螺纹连接时,管道宜采用机械切割;连接后,将连接处外部清理干净并做防腐处理。

(2)采用法兰连接时,衬垫不得凸入管内,其外边缘宜接近螺栓,不得放双垫或偏垫。

(3)已防腐处理的无缝钢管不宜采用焊接连接,与选择阀等个别连接部位需采用法兰焊接连接时,要对被焊接损坏的防腐层进行二次防腐处理。

(4)灭火剂输送管道的外表面宜涂红色油漆。在吊顶内、活动地板下等隐蔽场所内的管道,可涂红色油漆色环,色环宽度不应小于50mm。每个防护区或保护对象的色环宽度要一致,间距应均匀。

010156　喷嘴安装

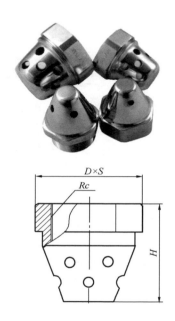

工艺说明:

(1) 喷嘴安装时要按设计要求逐个核对其型号、规格及喷孔方向。

(2) 安装在吊顶下的不带装饰罩的喷嘴,其连接管管端螺纹不能露出吊顶;安装在吊顶下的带装饰罩的喷嘴,其装饰罩要紧贴吊顶。

010157　柜式气体灭火装置安装

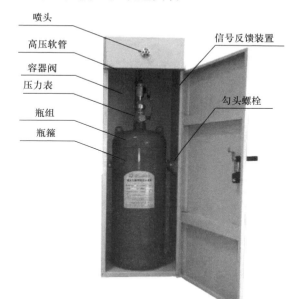

喷头
高压软管
容器阀
压力表
瓶组
瓶箍
信号反馈装置
勾头螺栓

工艺说明：

（1）将柜体放置在防护区气体灭火设计图纸所标识位置，尽量使柜体背部安装在防护区靠墙位置，单台时将喷嘴对准重点保护设备，多台时均匀分布，并保证柜体平稳无晃动。

（2）灭火剂瓶组放置柜子中央，正面（喷字面）向外，并用抱箍和七字钩固定在柜体上。若是双瓶组，主动储瓶用抱箍固定在柜内右边，从动储瓶固定在柜内左边。

（3）高压软管带弯头端接头装在容器阀灭火剂出口螺纹上，扳手拧紧；另一侧连接在喷嘴末端螺纹上，扳手拧紧。

（4）压力信号器调试好后安装在高压软管相应接口上，扳手拧紧，压力表安装在容器阀压力表接口上，扳手拧紧。

010158 管道系统强度试验

工艺说明:

(1) 管道系统强度试验可采用手动压力泵或电动压力泵。

(2) 本节点适用于工作压力不大于 1.0MPa 的室内给水和消火栓系统管道。

(3) 当设计未注明时,各种材质的给水管道系统试验压力均为工作压力的 1.5 倍,但不得小于 0.6MPa。

(4) 金属及复合管给水管道系统在试验压力下观测 10min,压力降不应大于 0.02MPa,然后降到工作压力进行检查,应不渗不漏。

(5) 塑料管给水系统应在试验压力下稳压 1h,压力降不得超过 0.05MPa,然后在工作压力的 1.15 倍状态下稳压 2h,压力降不得超过 0.03MPa,同时检查各连接处不得渗漏。

010159 管道系统冲洗

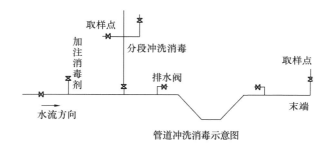

管道冲洗消毒示意图

工艺说明：

(1) 管网冲洗在强度及严密性试验后，竣工验收前分段进行，先地下后地上，先干管、后支管。

(2) 连续冲洗流速不小于 1.0m/s，在至出水口处浊度、色度与入水口处冲洗水浊度、色度基本相同为合格。

(3) 冲洗结束后，排净管道内的水，填写冲洗记录。

(4) 管网在冲洗前，对系统的仪表采取保护措施，止回阀和报警阀等应拆除，对管道支架、吊架的稳固性进行检查，必要时采取加固措施。冲洗时应保证排水管路畅通安全。

010160　阀门强度和严密性试验

附表　阀门试验持续时间

公称直径 DN (mm)	最短试验持续时间（s）		
	严密性试验		强度试验
	金属密封	非金属密封	
≤50	15	15	15
65～200	30	15	60
250～450	60	30	180

工艺说明：

（1）阀门安装前，应作强度和严密性试验。试验应在每批（同牌号、同型号、同规格）数量中抽查10%，且不少于1个。对于安装在主干管上起切断作用的闭路阀门，应逐个作强度和严密性试验。

（2）阀门的强度试验压力为公称压力的1.5倍；严密性试验压力为公称压力的1.1倍；试验压力在试验持续时间内应保持不变，且壳体填料及阀瓣密封面无渗漏，阀门试压的试验持续时间不小于上附表的规定。

第二章　排　水　系　统

020101 A型柔性接口铸铁排水管连接及安装

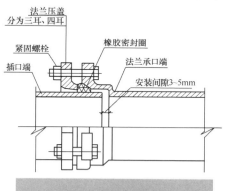

工艺说明：

(1) A型接口铸铁管的直管和管件均为一端带法兰盘的承口，另一端为插口。

(2) 连接时，法兰压盖套入插口端，再按一定方向套入橡胶密封圈。

(3) 插口端插入法兰承口，插入长度比承口深度小3～5mm为宜，因此插入时，可先划好安装线进行控制。

(4) 连接好后，用支吊架对管道初步固定，将法兰压盖与法兰承口用螺栓紧固，螺栓应延一定方向逐个数次拧紧，挤压设在两端口间的橡胶密封圈，达到密封。

020102　RC型柔性接口铸铁排水管连接及安装

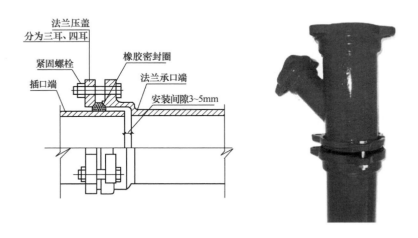

工艺说明：

（1）RC型接口铸铁管的直管和管件均为一端带法兰盘的承口，另一端为插口。

（2）连接时，将法兰压盖套入插口端，再按一定方向套入橡胶密封圈。

（3）插口端插入法兰承口，插入长度比承口深度小3～5mm为宜，因此插入时，可先划好安装线进行控制。

（4）连接好后，用支吊架对管道初步固定，将法兰压盖与法兰承口用螺栓紧固，螺栓应延一定方向逐个数次拧紧，挤压设在两端口间的橡胶密封圈，达到密封。

注：RC型接口与A型接口安装方法一致，区别在于法兰承口、法兰压盖和橡胶密封圈的外形尺寸不同，RC型密封圈挤压成形后为双45°，A型为单45°。

020103 W型柔性接口铸铁排水管连接及安装

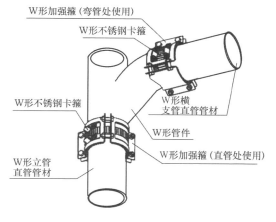

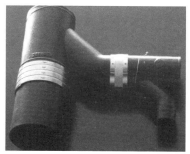

工艺说明：

(1) 安装前需去除管道及管件内、外壁污垢及杂物。

(2) 将卡箍套入接口下端的管道或管件，再在该端口套上橡胶密封套，要求密封套内挡圈与管口结合严密。

(3) 将橡胶密封套上半部向下翻转，把需连接的管道或管件插入已翻转的密封套内，调整好位置后，将已翻转的密封套复位。

(4) 将卡箍套在橡胶密封套外，交替缩紧卡箍螺栓，确保卡箍外钢带在旋转紧固螺栓时，使两端接口铆合牢固，无松动现象。

020104　卫生间排水支管安装

工艺说明：

（1）卫生间排水支管一般采用 PVC 排水管或排水铸铁管。

（2）支管定位需与建筑布排，洁具选型综合确定。

（3）排水横管要有坡度，一般不低于 $1‰$；安装排水管时注意排水坡降有利于污水及时排出。

（4）排水横管如果带 1 个以上的卫生器具，需增设清扫口（检查口），检查口一般离地 1m。

（5）洁具自身不带存水弯的，需在管道上安装 S 型或 P 型存水弯。

020105 侧墙式通气盖板（帽）安装

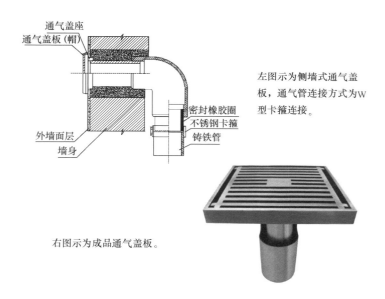

通气盖座
通气盖板（帽）

左图示为侧墙式通气盖板，通气管连接方式为W型卡箍连接。

密封橡胶圈
不锈钢卡箍
铸铁管

外墙面层
墙身

右图示为成品通气盖板。

工艺说明：

（1）侧墙式通气系统一般设置在结构屋顶为大跨度钢结构或玻璃等材质装饰屋面的建筑，通气管选择汇集于主管后就近于侧墙孔洞伸出，排至室外大气。

（2）通气管出口4m以内有门、窗时，通气管应高出门、窗顶600mm或引向无门、窗处。

（3）通气末端（盖板或通气帽）需与通气管牢固连接，防止坠落，连接方式一般同管道连接方式。

020106 伸顶式通气帽安装

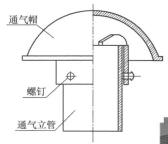

左图示例为铸铁伸顶式通气帽。

右图示例为专用通气帽。

工艺说明：

(1) 专用通气帽有屋顶通气管底座、通气立管和通气帽组成通气帽一般与管道同材质，采用PVC或铸铁形式。

(2) 立管穿屋面处需设隔热层及防水层。

(3) 通气管高度必须大于建筑所在地最大积雪厚度。

(4) 通气管出口4m以内有门、窗时，通气管应高出门、窗顶600mm或引向无门、窗处。

(5) 经常有人停留的屋顶上，通气管应高出屋面2m，并应根据防雷要求设置防雷装置。

020107 地漏安装

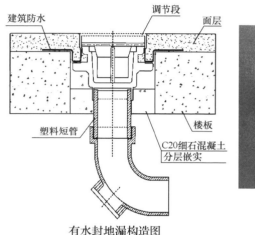

有水封地漏构造图

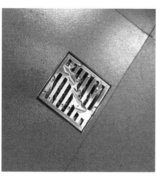

安装后效果图

工艺说明：

（1）地漏应设置在易溅水的器具附近地面的最低处，地漏顶面标高应低于地面 5～10mm。

（2）安装前：a. 与地漏相连的排水管线应安装完毕，并已进行通水、通球试验；b. 符合地面预留孔洞尺寸，如不满足地漏安装条件，应及时调整孔洞。

（3）地漏的安装应平正、牢固，低于排水表面，周边无渗漏，地漏水封高度不得小于50mm。

（4）地漏安装完毕，应配合土建、装饰单位在地漏下方支撑模板或模具，将地漏周边孔洞用混凝土砂浆严密捣实，防止渗漏现象发生。

020108-1 穿楼板存水弯做法

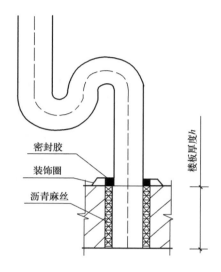

工艺说明：先将存水弯套入预留洞并调直固定好，用捻凿把沥青麻丝填塞于间隙处，调整管道的同心度，安装不锈钢装饰圈，不锈钢装饰圈可由两部分组成，如果是整体，就需要提前套入装饰圈。用胶枪注入密封胶，要求与塑料装饰圈上部平齐，胶缝要求均匀。

020108-2 存水弯设置

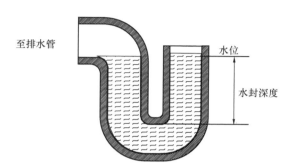

工艺说明：

（1）卫生器具未自带存水弯时，必须在排水口以下设存水弯。存水弯的水封深度不得小于50mm。严禁采用活动机械密封替代水封。

（2）设置于楼板底在排水管道上安装的存水弯需带检修口，便于清掏检查。

020109 固定耦合式潜污泵安装

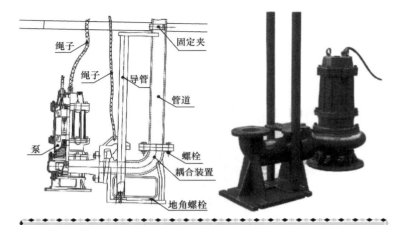

工艺说明：

（1）安装顺序：浇注混凝土基础、导杆及泵座的安装、泵体的安装、出水管及附件的安装。

（2）基础通常采用强度等级 C15 或 C20 混凝土浇筑，采用一次浇注法施工。基层通常做成上小下大的棱台形状，或与集水井（坑）地板浇成一体，基层顶面应水平，并预埋地脚螺栓。

（3）导杆及泵座的安装：吊起泵体，缓慢下降至基础上，泵座上的螺栓孔正对基础上预理的地脚螺栓，泵座用水平尺找平后，拧紧地脚螺栓。导杆的底部与泵座采用螺纹、螺栓连接，顶部与支撑架连接。

（4）泵体的安装：吊起泵体，将耦合装置（耦合装置、潜水泵及电机通常制成整套设备）放置到导杆内，使泵体沿着导杆缓慢下降，直到耦合装置与泵座上的出水弯管相连接，水泵出水管与出水弯管进口中心线重合。

（5）出水管及附件的安装：水泵出水管与出水弯管采用法兰连接，出水管上的其他附件包括闸阀、膨胀节及递止阀等采用法兰连接。

020110　油脂分离器安装

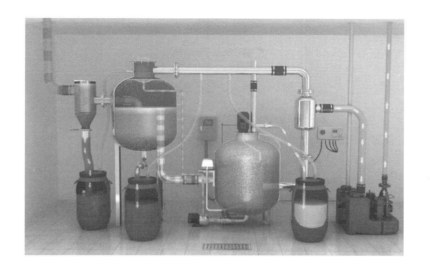

工艺说明：

（1）油脂分离器结构造型多样因品牌而异。

（2）设备安装时距离顶板高度不小于500mm。

（3）设备进水口应设置闸阀，方便设备维护和检修。

（4）设备应连接通气管，可将设备内部气体排出。设备房间需设置给水系统，可对设备和收集桶进行清洗和注水，同时需设置地漏或排水沟，避免房间内积水。

（5）在温度降低环境中使用时，应根据温度情况选用恒温加热系统。室内安装时需设置排风系统。

020111　室内排水检查口设置

排水立管检查口安装示意图

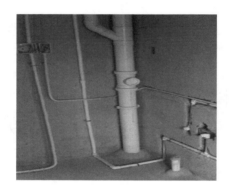

工艺说明：

（1）检查口带有可开启检查盖的配件，装设在排水立管及较长横管段上，作检查和清通之用。

（2）在生活污水管道上安装检查口应符合设计和规范要求；当设计无要求时，在立管上应每隔一层设置一个检查口，但在最底层和有卫生器具的最高层必须设置。

（3）如为两层建筑时，可仅在底层设置立管检查口；如有乙字弯时，则在该层乙字弯管的上部设置检查口。检查口中心高度距操作地面一般为 1m，允许偏差±20mm；检查口的朝向应便于检修。

（4）暗装立管，在检查口处应安装检修门。

020112 室内排水清扫口设置

工艺说明:

(1) 清扫口是用于清扫排水管的配件,装在排水横管上。

(2) 污水管道安装清扫口应符合规范和设计要求;在连接2个及2个以上大便器或3个及3个以上卫生器具的污水横管上应设置清扫口。

(3) 当污水管在楼板下悬吊敷设时,可将清扫口设在上一层楼地面上,污水管起点的清扫口与管道相垂直的墙面距离不得小于200mm;若污水管起点设置堵头代替清扫口时,与墙面距离不得小于400mm;在转角小于135°的污水横管上,应设置检查口或清扫口。

020113 室内 PVC 排水管道伸缩节安装

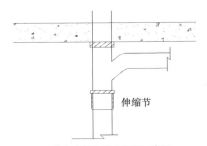

排水立管伸缩节安装示意图

工艺说明：

(1) 排水塑料管必须按设计要求及位置装设伸缩节，如设计无要求，层高小于等于 4m、穿越楼层为固定支承时每层均应设置；层高大于 4m 其数量应根据管道的设计计算伸缩量和伸缩节允许伸缩量计算确定。每个伸缩节位置必须设固定支承。

(2) 为了使立管连接支管处位移最小，伸缩节应尽量设在靠近水流汇合管件处.为了控制管道的膨胀方向，两个伸缩节之间必须设置一个固定支架。

(3) 当无横管接入时，宜离地 1.0～1.2m 设伸缩节，伸缩节设置时承口必须是迎水流方向。

020114 排水塑料管道阻火圈的安装

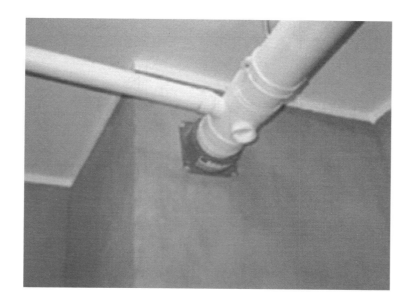

工艺说明：

（1）敷设在高层建筑室内的塑料排水管道当管径大于等于110mm时，应在下列位置设置阻火圈：a. 明敷立管穿越楼层的贯穿部位。b. 横管穿越防火分区的隔墙和防火墙的两侧。c. 横管穿越管道井井壁或管窿围护墙体的贯穿部位外侧。

（2）阻火圈的安装应符合产品要求，安装时应紧贴楼板底面或墙体，并应采用膨胀螺栓固定。

（3）阻火圈是由金属材料制作外壳，内填充阻燃膨胀芯材，套在硬聚氯乙烯管道外壁，火灾发生时芯材受热迅速膨胀，挤压UPVC管道，在较短时间内封堵管道穿洞口，阻止火势沿洞口蔓延。

020115 室内排水管道闭水试验

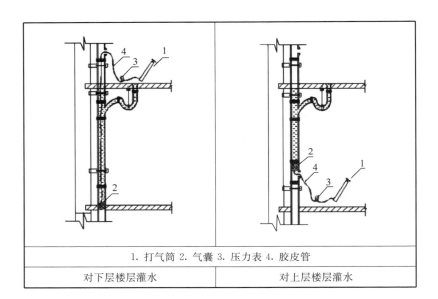

1. 打气筒 2. 气囊 3. 压力表 4. 胶皮管	
对下层楼层灌水	对上层楼层灌水

工艺说明：

（1）排水铸铁管已经按施工规范安装完毕，支吊架安装到位，预检已经完成，具备闭水试验条件。

（2）闭水试验技术交底已经完成，闭水试验资料表格已经准备完毕。

（3）满水后各连接条件不渗不漏，闭水试验时间及检验方法符合《建筑给水排水及采暖工程施工质量验收规范》GB 50242—2002要求。

020116 87型雨水斗安装

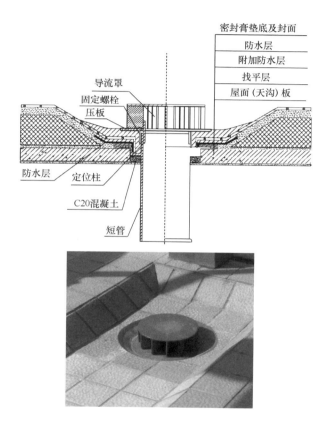

工艺说明:

(1) 雨水斗安装时,将防水卷材弯入短管承口,填满防水密封膏后,即将压板盖上并插入螺栓使压板固定,压板地面应与短管顶面相平、密合。

(2) 附加防水层采用防水涂膜铺设二层胎体增强材料,共厚 2~3mm.

020117　外墙雨水斗安装

雨水斗

固定支架

雨水斗安装示意图

工艺说明：

（1）雨水斗管的连接应固定在屋面承重结构上。雨水斗边缘与屋面相连处应严密不漏，连接管管径当设计无要求时，不得小于100mm。

（2）室外雨水斗必须用专用螺栓固定好，深入雨水斗的排水管不能插到雨水斗底，要留有一定的间隙，雨水管下方插入的排水管必须加固定卡。

020118 虹吸雨水斗安装

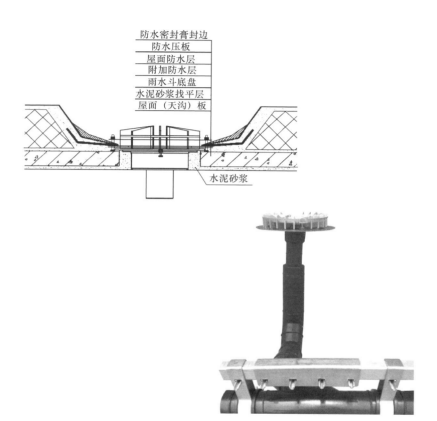

工艺说明：

（1）雨水斗安装时，将附加防水层、屋面防水层铺贴在雨水斗本体四周，用防水压板压紧并用螺栓固定，再用防水密封膏做封边处理。

（2）采用非预埋安装时，雨水斗安装完后，斗体四周应用水泥砂浆或其他材料密实填充，并与屋面顶板找平。

第三章 室内热水系统

030101-1 绝热管道穿墙做法

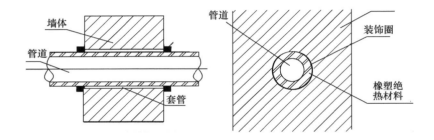

工艺说明：

（1）绝热管道穿墙时，绝热层应连续。

（2）两端与墙面平齐，对接严密平整。绝热严密，不得有冷桥及热桥现象。

（3）创优工程在墙体两侧加装饰圈保护。装饰圈宽度20～50mm。装饰圈宽度均匀，并与墙面接触紧密平整。

030101-2　绝热管道穿楼板做法

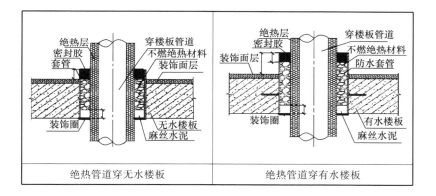

绝热管道穿无水楼板	绝热管道穿有水楼板

工艺说明：

（1）按管道规格及所穿楼板的厚度切割套管，套管与管道绝热层之间的间隙 20～30mm 为宜，套管高出无水楼面装饰面层 20mm，高出有水楼面装饰面层 50mm，有水楼面的钢套管应采用防水套管。

（2）预留洞口时，洞口宜为圆形，洞口直径比套管大 50～100mm；采用吊通线的方式确定预埋套管位置。

（3）将已进行绝热处理的管道穿过套管，调整管道与套管的同心度，立管垂直度偏差控制在 2mm/m，且 5m 以上垂直度偏差≤8mm。

（4）套管与管道之间的空隙应均匀，高出楼地面的高度应一致，板面上外露套管刷黑色或灰色油漆。创优工程的楼板下套管底部安装装饰圈。

030102　橡塑保温材料存放

工艺说明：

（1）橡塑保温材料宜存放在室内，产品按不同种类、等级、规格在室内堆放，堆放场地应坚实、平整、干燥。

（2）堆放时应纵横层叠。

（3）堆放不宜过高。

（4）胶水应密封并储存于阴凉处，严禁烟火，远离火种，不可吞食，勿让孩童接触。

030103 橡塑保温材料裁剪

工艺说明：

（1）保温材料剪裁时，下方应有衬板。

（2）裁剪应用钢尺、圆规等辅助工具。

（3）壁纸刀片及时更换，以保证裁口平直、顺滑。

030104-1　管道保温

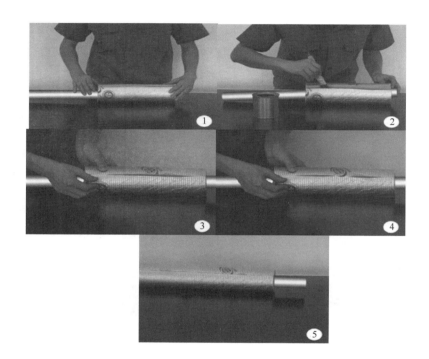

工艺说明:
(1) 取长度合适的保温材料。
(2) 将保温材料顺直切开。
(3) 在管材开口上均匀涂上胶水。
(4) 先粘接开口管材的两端,再粘接中间。

030104-2　变径管道保温

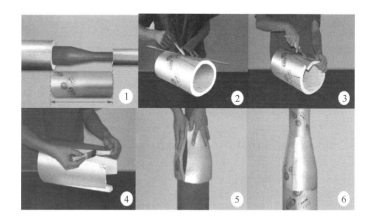

工艺说明：

（1）选取与大管径同尺寸管材，裁剪合适长度。

（2）测量，并在管材上做标记以保证管材修剪后小端管径与变径管最小直径一致。

（3）切出四块同样尺寸的楔形用胶水将切口粘合，只保留开口缝。

（4）待切口粘牢后，将管材套在变径管上，用胶水粘合接口，并与管道粘接。

030104-3　直角弯头保温

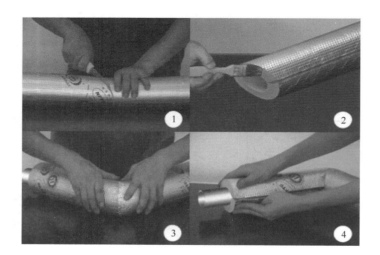

工艺说明：

(1) 取适当长度的管材。

(2) 在管材中间切45°，将管材一分为二。

(3) 管材切面均匀涂抹胶水。

(4) 颠倒一个切面，将接口对接。

030104-4　三通管道保温

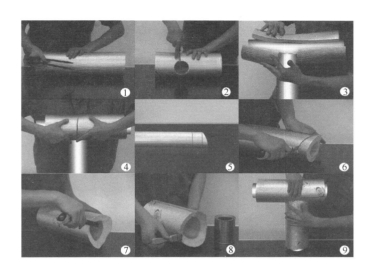

工艺说明：

（1）用圆规在管材上开口，圆孔大小适合管道外径。

（2）将圆孔及与圆孔垂直面上方管道切开。

（3）将预制好的保温材料安装在三通管道上。

（4）用胶水将切面粘接牢固。

（5）选取与支管适合管径的管段，测量出管道半径的长度。

（6）切割 U 形面，并进行修剪。

（7）将管道切开，涂抹胶水，与三通管道紧密粘接。

030105   阀门保温（1）

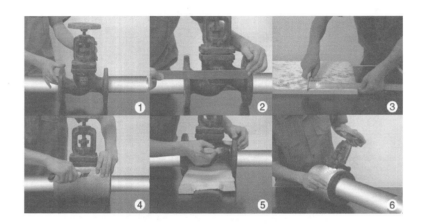

工艺说明：

（1）测量阀门法兰间距，及法兰内周长。

（2）裁剪适当宽度和长度的保温材料。

（3）按照阀头尺寸进一步加工。

（4）在阀门法兰外部均匀涂抹胶水，进行粘接。

030106　阀门保温（2）

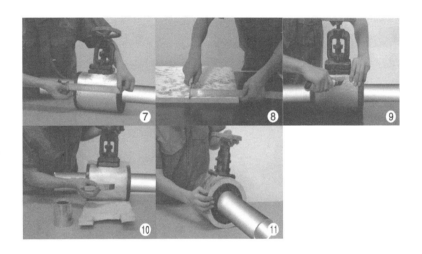

工艺说明：

（1）测量阀门法兰外边缘长度，及法兰外周长。

（2）裁剪适当宽度和长度的保温材料。

（3）按照阀头尺寸进一步加工。

（4）在第一层保温材料表面均匀涂抹胶水，进行粘接。

030107 阀门保温（3）

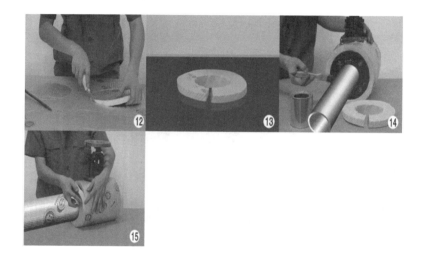

工艺说明：

（1）测量阀门法兰加保温的直径及管道外径。

（2）裁剪出空心内外圆的保温材料。

（3）在保温材料上切开安装缝隙。

（4）在法兰、保温侧面均匀涂抹胶水，进行粘接。

030108　阀门保温（4）

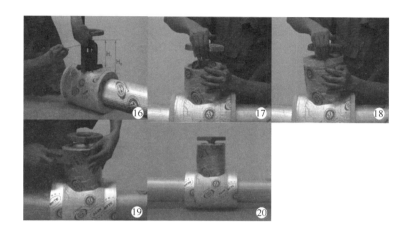

工艺说明：

（1）测量阀门阀头尺寸。

（2）裁剪适当宽度和长度的保温材料。

（3）按照阀头尺寸裁剪阀头盖。

（4）均匀涂抹胶水，进行粘接。

第四章　卫　生　洁　具

040101　蹲便器安装

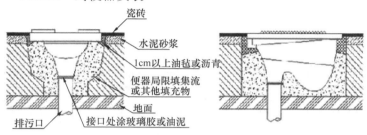

瓷砖
水泥砂浆
1cm以上油毡或沥青
便器局限填集流
或其他填充物
地面
排污口
接口处涂玻璃胶或油泥

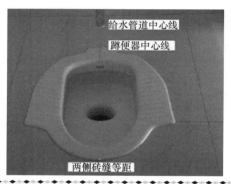

给水管道中心线
蹲便器中心线
两侧砖缝等距

工艺说明：

（1）蹲便器安装位内用混合砂浆填芯，严禁使用水泥安装，否则水泥凝结膨胀可能挤破蹲便器。

（2）在安装面涂一层沥青或黄油，使蹲便器与水泥砂浆隔离而保护产品不被胀裂。

（3）凡带存水弯的蹲便器，下水管道不应再设置存水弯。

（4）为了外观美观，蹲便器应与地板砖砖缝平行。

（5）安装时避免猛力撞击。

040102 坐便器（连体）安装

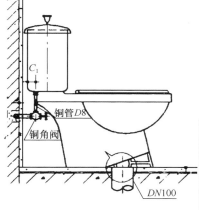

工艺说明：

（1）将坐便器倒置，把密封圈牢固安装在坐便器排水口上。

（2）将坐便器对准法兰盘，使螺栓穿过坐便器地基安装孔，慢慢下压坐便器，直至水平，再拧紧螺母，套上装饰帽。

（3）将水箱进水管和进水角阀连接，慢慢打开进水角阀，检查连接管与水箱配件的各连接点密封性。

（4）在坐便器和地面连接处，打胶密封，禁止使用环氧树脂胶。

040103 立柱式洗脸盆安装

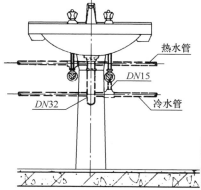

热水管

*DN*15

*DN*32

冷水管

工艺说明：

(1) 首先在墙上标出安装高度。

(2) 将洗脸盆和立柱放到安装位置，用水平尺矫正后，用笔在墙上及地上标记。

(3) 移去洗脸盆和立柱，测量并标记挂钩安装位置。

(4) 安装挂钩、立柱固定件。

(5) 安装洗脸盆龙头和排水组件，将洗脸盆安装在挂钩上。

(6) 连接进水管和排水管件，要求排水管件需与建筑排水管有效连接。

(7) 安装立柱。

(8) 安装完各组件后，在洗脸盆上口与墙面、立柱脚与地面的接触面之间打胶密封。

040104 单把单孔龙头安装

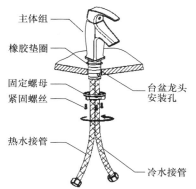

主体组
橡胶垫圈
固定螺母
紧固螺丝
热水接管
台盆龙头安装孔
冷水接管

工艺说明：

（1）安装前必须将水管道内的杂物、泥沙冲洗干净。

（2）将龙头上的固定螺母取下，把龙头装入台盆的龙头安装孔内，装上固定螺母，旋紧，并将龙头固定，然后用螺丝刀拧紧三个紧固螺丝。

（3）水龙头进水管口与角阀之间用软管连接，安装完后保持所有软管弯曲弧度基本一致，保持外观美观。

040105　台下洗脸盆安装

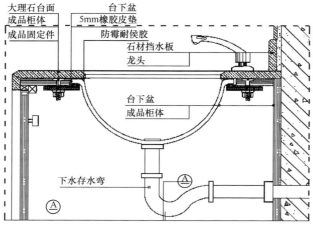

工艺说明：

（1）安装后洗手盘的池边须稍高于台面，与台面相接处一定要平滑，便于台面清洗。

（2）短落水与排水系统之间不可用塑料软管连接，且应有存水弯。

（3）盆体与台面、墙体衔接处采用优质防霉密封胶密封。

（4）龙头与盆体间应用橡胶或塑料垫片，防止硬性接触而损坏盆体。

040106 浴盆安装

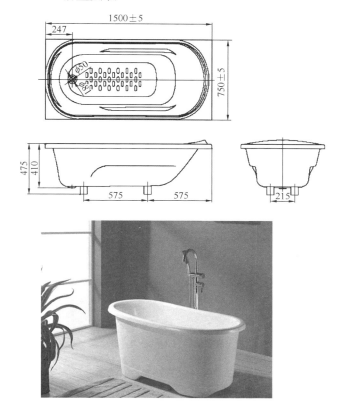

工艺说明：

(1) 浴盆安装前先安好下水配件，做闭水试验。

(2) 安装时要注意浴缸的中心点与混水的中心点对齐。

(3) 安放浴盆时下水口的一端要略低，以便排污通畅。浴缸排水与排水管件应牢固密实，便于拆除。

040107　淋浴水龙头安装

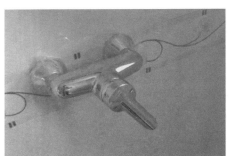

工艺说明：

（1）安装时 S 形连接管小口端用生料带缠绕与墙壁给水管连接。

（2）淋浴龙头安装过程中仔细调整 S 连接头的角度，使得冷热水管的内丝螺母能轻松地拧在 S 连接头上。

（3）S 连接头外的装饰盖板用透明密封胶封住，保持与墙体的整体性。

040108 感应水龙头安装

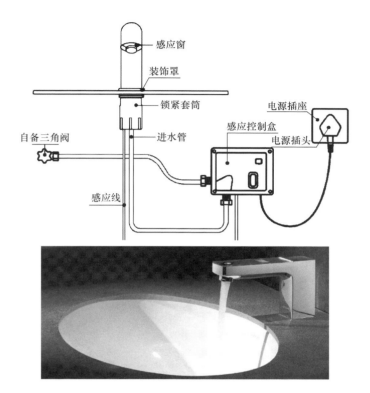

工艺说明：

(1) 安装时应保持感应窗口朝下，并且与洗手台盆的距离应不小于25cm，以免影响水龙头感应的敏感性。

(2) 安装感应水龙头前，先将要安装的龙头位置进水口水源关闭。

(3) 龙头进水口螺纹用生料带或止泄胶进行缠绕，然后将水龙头旋入墙壁上安装的进水管道。

(4) 感应控制盒安装牢固，等电位导线连接到位。

040109　角阀安装

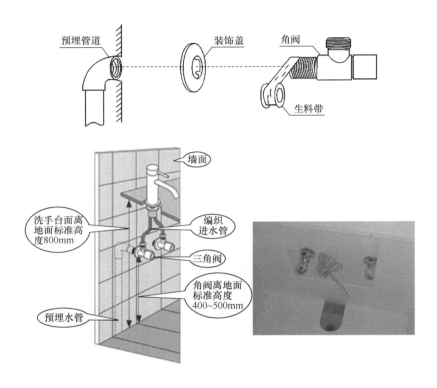

工艺说明:

(1) 安装前检查阀门开启灵活,清理管道接口处无砂子与杂物。

(2) 安装时应在阀体上包数层布或纸巾等缓冲物,再用扳手紧固,避免擦伤阀体,影响美观。

(3) 未通水水管安装角阀,应关闭角阀。

(4) 并排安装的角阀应安装齐整,注意阀门安装间距,不影响检修。

040110　淋浴器安装

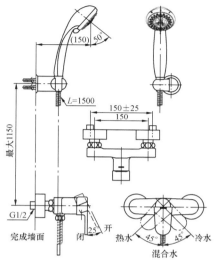

工艺说明：

（1）花洒主体和淋浴杆应垂直安装。

（2）淋浴花洒安装固定时，注意避开墙内预埋管线。

（3）淋浴花洒安装钻孔前先用布将龙头包好，避免弄脏及刮伤龙头。

（4）花洒安装位置选择注意隐私性，不要选择在门口或窗户旁边。

040111 小便斗安装

单位：mm

正视图

200
40
150

主机预留安装位

1000~1200

地板

侧视图

安装深度90mm
87
瓷砖面应高于安装线
120~160

墙体

82
50~80

地板

成人600mm/儿童450mm

工艺说明：

（1）一般居住和公共建筑小便斗安装高度为600mm，幼儿园为450mm。

（2）为保持美观，小便斗安装要与墙砖砖缝平行，竖向跨两块墙砖安装时砖缝居中。

（3）同一卫生间内，小便斗安装平齐，间隔相等。

（4）确认尺寸正确后，先把密封圈套紧下水管，防止漏水。

（5）安装后部配件后，在小便斗与靠墙和靠地的缝隙涂上密封胶。

040112　落地式坐便器安装

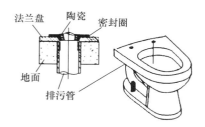

工艺说明：

　　（1）安装前应检查地面平整度，如地面不平，在安装前要将地面填平。

　　（2）下水管应管口平整，高出地面2～5mm。

　　（3）坐便器应与下水口对口均匀，用透明密封胶封住坐便器外口保持与地面的整体性。

　　（4）坐便器与墙间隙均匀，保证摆放端正、平稳。

　　（5）避免猛烈撞击坐便器，防止刮伤盖板和座圈。

040113 挂壁式坐便器安装

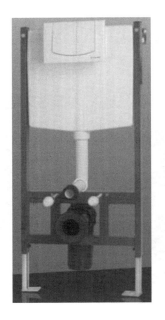

工艺说明:

(1) 水箱支架一般由 4 个螺丝固定,支架上部两个、支撑脚上两个。安装时要求表面水平、立面垂直。固定螺栓生根牢固,确保安全。

(2) 在假墙制作和装饰层安装前,应安装所有保护装置。

(3) 坐便器与墙间隙均匀,保证摆放端正、平稳。

(4) 避免猛烈撞击坐便器,防止刮伤盖板和座圈。

040114 地漏安装

地漏面板
内芯
连接件
密封盖

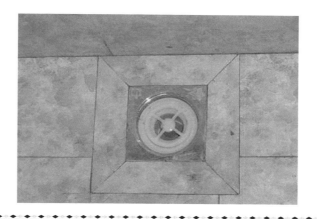

工艺说明：

(1) 地漏安装前必须取出地漏芯，避免安装过程中杂物掉进地漏芯内部，造成损坏。

(2) 地漏安装位置要略低于地面，方便排水。

(3) 为了安装美观，地漏安装位置应居中安装，四周地板砖接缝与地漏对角线重合。

(4) 考虑到地漏维修方便，填充水泥砂浆时用坚挺材料卷成与下水管相匹配的圆筒，与下水管对接，并高出地面。待填充水泥砂浆且凝固后，将地漏放入其形成的管道中，使地漏与管壁紧密贴合。

040115　烘手器安装

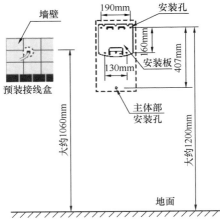

工艺说明：

（1）烘手器安装前擦拭墙壁、吸附件去除油污、灰尘等杂物。

（2）烘手器安装完成后应与旁边墙壁及易燃物保持100cm以上距离。

（3）安装完成后烘手器边线应于墙砖砖缝平行，安装高度1.2m左右。

（4）安装完成后注意成品保护，严禁用酒精等清洗烘手器。

（5）避免猛烈撞击烘手器，防止刮伤、损坏烘手器。

040116 燃气热水器安装

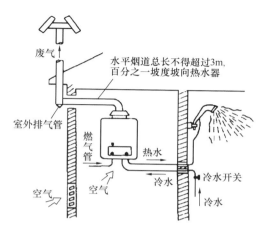

废气

水平烟道总长不得超过3m,
百分之一坡度坡向热水器

室外排气管

燃气管

热水

冷水

冷水开关

空气

空气

冷水

工艺说明:

(1) 热水器边线应与墙砖砖缝平行,居中安装。

(2) 热水器与墙间隙均匀,保证摆放端正、平稳。

(3) 热水器安装固定时,注意避开预埋水管及电管。

(4) 热水器排气需排到室外,排气管安装时注意避开其他设备。

040117　拖布池安装

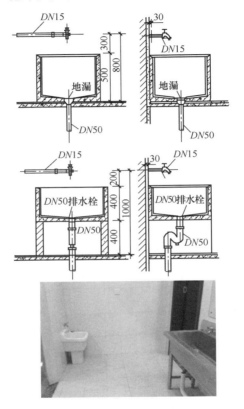

工艺说明：

（1）安装前应检查地面平整度，如地面不平，在安装前要将地面填平。

（2）下水管应管口平整，高出地面2～5mm。

（3）拖布池应与下水口对口均匀，用透明密封胶封住拖布池底边口保持与地面的整体性。

（4）拖布池与墙间隙均匀，保证摆放端正、平稳。

（5）避免猛烈撞击坐便器，防止损坏拖布池。

040118 卫生间闭水试验

工艺说明:

(1) 卫生间闭水试验必须在防水施工完成且防水层干透以后进行。蓄水深度应为 20～30mm，闭水时间不小于 24h。

(2) 放水时在水流冲击的地方放置一小盆，减少水流对防水层的冲击。

(3) 闭水试验前地漏一定要封堵严实。

第五章　管道伸缩补偿

050101　焊接滑动支座安装

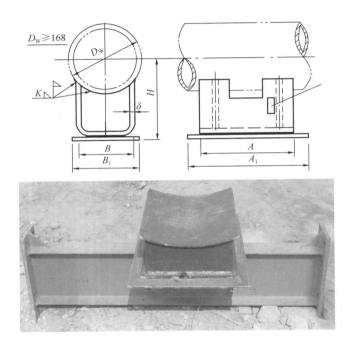

工艺说明：

（1）管道温度小于等于300℃。

（2）当支座放于支墩或钢结构支架上，支座的滑动底板与根部之间需用垫铁调整高度时，应将滑动底板垫紧找平，垫铁与根部及垫铁与滑动底板之间均应焊牢。

（3）滑动板（聚四氟乙烯板）待焊接完成后才垫入。

050102　套管式补偿器安装

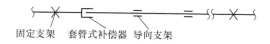

固定支架　套管式补偿器　导向支架

工艺说明：（1）补偿器距第一固定支架距离为 $4D$ 左右，距第一导向支架距离小于等于 $4D$，距第二导向支架的距离 $14D$ 左右。导向支架要留有 3mm 活动间隙。

（2）补偿器在安装前应先检查其型号、规格及管道配置情况，必须符合设计要求。

对带内套筒的补偿器应注意使内套筒子的方向与介质流动方向一致，铰链型补偿器的铰链转动平面应与位移转动平面一致。

（3）需要进行"冷紧"的补偿器，预变形所用的辅助构件应在管路安装完毕后方可拆除。

（4）严禁用波纹补偿器变形的方法来调整管道的安装误差，以免影响补偿器的正常功能、降低使用寿命及增加管系、设备、支承构件的载荷。

（5）管系安装完毕后，应尽快拆除波纹补偿器上用作安装运输的黄色辅助定位构件及紧固件，并按设计要求将限位装置调到规定位置，使管系在环境条件下有充分的补偿能力。

（6）补偿器所有活动元件不得被外部构件卡死或限制其活动范围，应保证各活动部位的正常动作。

050103　大拉杆波纹补偿器安装

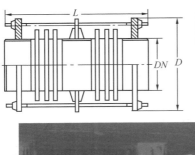 

　　工艺说明：（1）大拉杆波纹补偿器安装过程中，拉杆内外螺栓不得松动；

　　（2）补偿器与管道焊接时，需调整管道对口间隙及错变量，不得超出规范要求；

　　（3）补偿器投入正常使用后，务必将内场螺母松动，松动距离为补充值。

050104　结构大变形部位管道连接

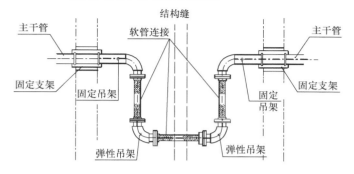

几字形连接示意

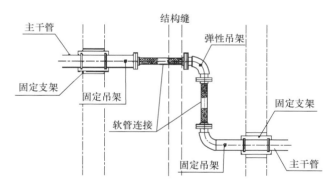

之字形连接示意

工艺说明：

（1）当设计结构变形位移量大于 40mm、不大于 400mm 时，管道依据建筑空间，使用金属软管和补偿器连接。

（2）跨越结构大变形部位，应采用之形和几形两种方式进行抗变形柔性段的连接。

（3）金属软管和补偿器选型应满足管道系统介质、温度和压力要求。

050105 结构大变形部位管道支吊架选配

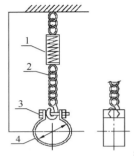

1—弹簧减震器或弹簧组件；2—柔性连接段；3—抱箍管卡；4—管道抱箍

弹性吊架示意图

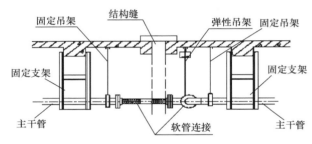

固定支架示意图

　　工艺说明：（1）抗变形柔性段金属软管之间连接的弯头上应设弹性吊架。弹簧减震器除满足承重的需求，还应有不小于抗震变位量的拉伸余量，防腐处理到位。弹性吊架按照承重选取，应考虑地震时动荷载的影响。

　　（2）固定支架宜安装在结构大变形部位两侧第一道梁处，或者有可靠支撑物处。抗变形柔性段两侧固定支架如设计无要求，深化设计完成应由设计审核通过。

　　（3）非常温水管道宜在固定支架外侧设置内外压平衡性波纹补偿器。

050106 穿越结构隔震层管道连接

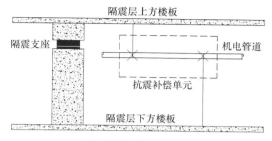

抗震补偿单元示意图

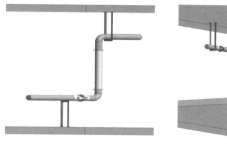

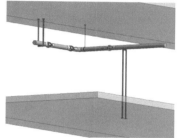

（1）垂直L形补偿　　　　　（2）水平L形补偿

工艺说明：

（1）在同一根管道上，只要出现前后支撑点的生根基础发生变化，在变化段内即需设置"隔震补偿单元"。

（2）隔震补偿单元可借用原有管道系统支撑。根据空间布排情况合理选择垂直L或水平L形补偿形式。

（3）支撑体系由固定支架、固定支撑，吊杆吊链等组成，支撑体系通过与建筑结构的固定控制柔性件的自由度。

（4）柔性件由金属软管、大拉杆补偿器、角向补偿器等组成。

第六章　室内采暖系统

060101　地板电热辐射采暖施工

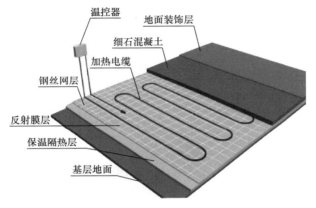

加热电缆布置方式示例

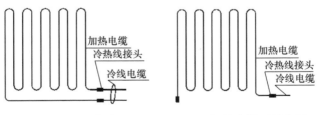

单导加热电缆平行布置　　　双导加热电缆平行布置

工艺说明：
(1) 地板电热辐射采暖施工分层：结构地面，保温隔热层，反射膜层，钢丝网层，加热电缆，混凝土层，装饰地面。
(2) 发热电缆中间不应有接头。

060102　发热电缆敷设施工

工艺说明：

（1）发热电缆在固定家具位置不铺设。

（2）发热电缆的线功率不宜大于 20W/m（架空木地板面层不大于 10W/m）。

（3）发热电缆之间的最大距离不宜超过 300mm，且不应小于 50mm；距离外墙内表面不宜小于 100mm。

（4）发热电缆的布置，可选择平行形或回折形。

（5）每个房间宜独立安装一根电热缆。

（6）电缆间距误差不应大于 10mm。

060103　发热电缆敷设安装流程

工艺说明：

（1）混凝土填充层施工前，发热电缆电阻和绝缘性能检测合格。

（2）隐蔽验收工作完成。

（3）钢丝网铺设应在反射膜完成后，发热缆铺设前。

（4）发热缆的固定宜采用塑料绑扎带。

060104　发热电缆温度控制面板安装

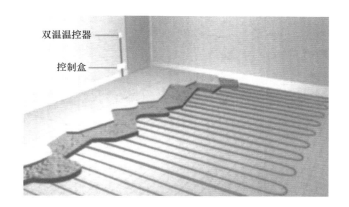

工艺说明:

(1) 发热电缆温控器应设置在附近无散热体、不受风吹日晒,能正确反映室温的位置。

(2) 不宜设置在外墙上,高度宜距地 1.4m。

(3) 宜布置在人员经常停留的位置。

(4) 对需要同时控制室温和限制地面温度的场合,应采用双温型控制器。

060105　地暖铺设保温层安装

　　工艺说明:
　　保温板铺设要平整,切割整齐,相互联接缝要紧密,整板放在四周,切割板放在中间,铺设时要注意的保温板平整度,高差不允许超过±5mm,缝隙不大于5mm。

060106　地暖反射膜安装

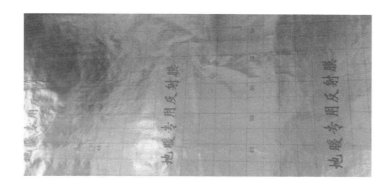

工艺说明：

　　反射膜铺设一定平整，不得有褶皱。遮盖严密，不得有漏保温板或地面现象。反射膜方格对称整洁，不得有错格现象发生，反射膜之间必需用透明胶带或铝箔胶带粘贴。

060107 地板采暖热水管安装

加热管布置方式示例

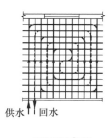

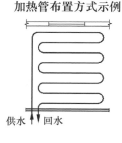

供水 回水　　　　　　供水 回水　　　　　　　供水 回水

回折型布置　　　　　平行型布置　　　　　双平行布置

工艺说明：

（1）加热管的布置宜采用回折型或平行型，固定家具位置不铺设。

（2）同一集分水器、管径相同的加热管长度基本一致，且不应超过120m。

（3）加热管距离墙面不宜小于100mm。

（4）浇筑混凝土填充层前，管道水压试验应验收合格。浇筑混凝土填充层时，管道应保持压力。

060108　地板采暖集分水器安装

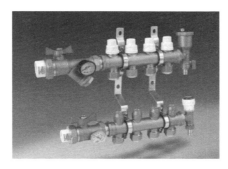

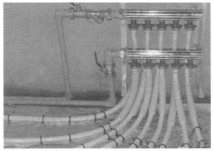

工艺说明：

（1）在墙上划线确定集分水器安装位置及标高，地暖集分水器要用专用的固定件，牢固的固定在墙上。

（2）集分水器安装宜在加热管敷设前安装，也可在敷设管道填充细石混凝土后与阀门、水表一起安装。必须平直、牢固，在细石混凝土填充前安装需作水压试验。

（3）集分水器安装要保持水平，安装完毕后要擦拭干净；要注意供回水的连接，集分水器安装完毕需要标明每个回路的供暖区域。

060109　地板采暖管道压力试验

工艺说明：

(1) 中间验收（一次水压试验）进行打压测试。在所有管道安装完毕之后要进行打压测试，看是否合格。试验压力为 0.6MPa，100min 内压力降不超过 0.05MPa 就是合格。

(2) 完工验收（二次水压试验）立管与集分水器连接后，应进行系统试压。试验压力为系统顶点工作压力加 0.2MPa，且不小于 0.6MPa，10min 内压力降不大于 0.02MPa，降至工作压力后，不渗不漏为合格。

060110 散热器安装

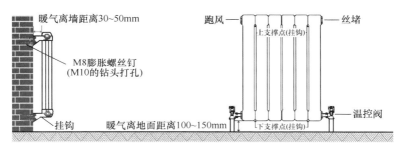

工艺说明：

（1）散热器背面与装饰后的墙内表面安装距离应符合设计或产品说明书要求。如设计未注明，应为30～50mm。

（2）散热器接管应方便拆卸，管道不得倒坡。

第七章 室外给水排水系统

070101 室外给水排水管道土方开挖

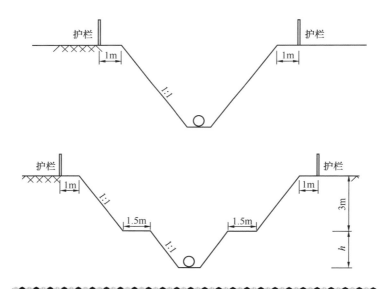

工艺说明：

(1) $H\leqslant 3m$ 深以内管沟按 1∶1 放坡采用机械开挖挖至设计机械开挖标高。$3m<H\leqslant 5m$ 深管沟按 1∶1 放坡，在 3m 深处设置不小于 1.5m 的平台；

(2) 开挖时不得扰动槽底，剩余 20cm 由人工进行检底，处于回填土区域，土质松散段，加大放坡，坡度为 1∶1.5；

(3) 基槽外侧设置防护栏杆及排水沟；

(4) 如受场地限制，可采取土钉墙护坡方式进行开挖。

070102 室外给水排水管道基槽施工

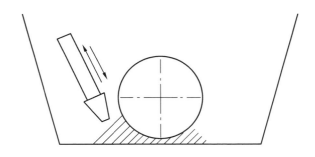

	地面		
原土分层回填	≥90%		管顶500~1000mm
符合要求的原土或中、粗砂、碎石屑,最大粒径<40mm的砂砾回填	≥90%	85±2% ≥90%	管顶以上500mm,且不小于一倍管径
分层回填密实,压实后每层厚度100~200mm	≥95% D	≥95%	管道两侧
中、粗砂回填	≥95%	≥95%	2α+30°范围
中、粗砂回填	≥90%		管底基础,一般大于或等于150mm

槽底,原状土或经处理回填密实的地基

工艺说明:

(1) 沟槽开挖完成后进行钎探,并约请建设单位、设计单位、勘察单位、监理单位进行验槽,如槽底土质不符合设计要求或与地勘报告不符,需按勘察单位意见对槽底进行处理;

(2) 管底基础采用中、粗砂回填,人工回填,压实度不小于90%,厚度不小于15cm。

070103 室外给水排水管道接口施工

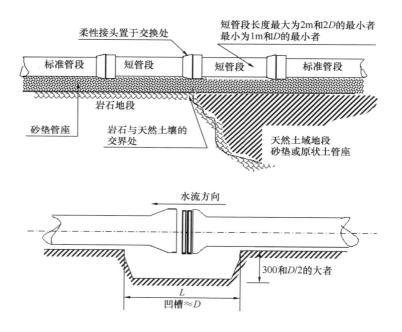

工艺说明：

（1）承插口管道连接时需注意承插口安装方向，承口迎水流方向。

（2）当管线跨越不同土质时，在接口位置需进行中粗砂换填等防沉降处理措施。

（3）图中 D 为管道内径。

070104 室外给水管道弯头施工

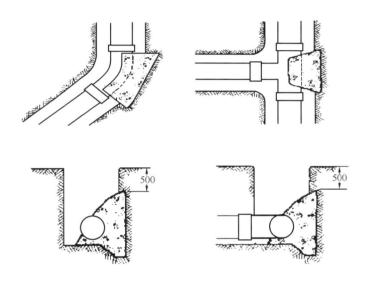

工艺说明：

（1）管道弯头及三通处设置混凝土支墩；

（2）混凝土支墩应在管道安装完成后打压试验前进行施工，并对管道采取临时加固措施。

070105 室外给水排水管道与建筑物连接处防沉降措施

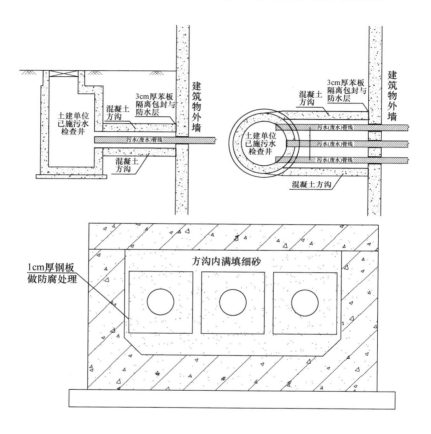

工艺说明:

(1) 为防止建筑物周边肥槽回填发生沉降造成管道损坏,可在管道进入建筑物段增设钢筋混凝土保护方沟,沟内满填细砂并设置盖板;

(2) 混凝土方沟与建筑物间采用苯板隔离,管道进入建筑物穿过柔性防水套管。

070106　室外给水排水管道与建筑物连接处抗震措施

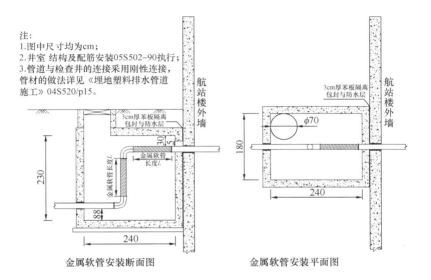

注:
1.图中尺寸均为cm;
2.井室 结构及配筋安装05S502-90执行;
3.管道与检查井的连接采用刚性连接,
管材的做法详见《埋地塑料排水管道
施工》04S520/p15。

金属软管安装断面图　　　　　　金属软管安装平面图

工艺说明:

(1) 为防止在地震发生时建筑物周边管道损坏,在管道进入建筑物段增设检查井;

(2) 井室内采用金属软管将两端管线连接。

070107 室外排水管道与检查井连接方式

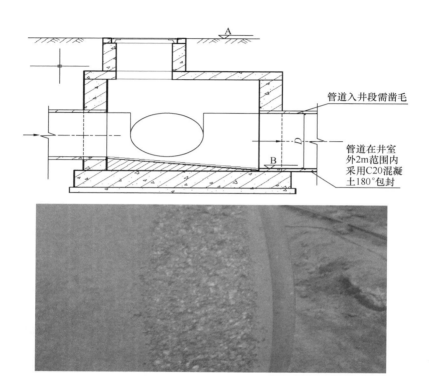

管道入井段需凿毛

管道在井室外2m范围内采用C20混凝土180°包封

工艺说明:

(1) 钢筋混凝土管道进入检查井段需进行凿毛处理;

(2) 井室外侧2m范围内管道需采用C20混凝土进行180°包封施工,以防止不均匀沉降。

070108 集道路下方检查井周边回填处理

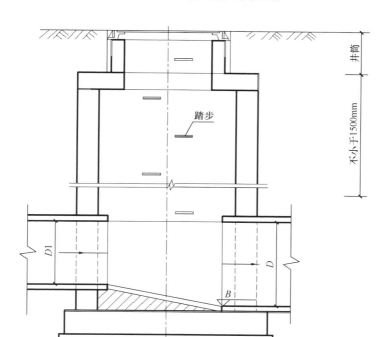

工艺说明：

（1）井筒、井盖在路基施工时先砌筑至设计道路路床高度，并按规范要求对井室周边不小于 50cm 范围内进行反挖至路床下 1.5m，采用易压实的级配砂石进行分层回填至设计路床高程；

（2）然后进行道路路基施工，待路基碾压施工完成后对井室位置重新反挖，砌筑井筒、安装井盖，在进行沥青混凝土底面层、中面层、表面层施工时随道路各层路面高程分三次进行调整，最终达到设计道路高程。

070109　道路及场道下方管道安装方式

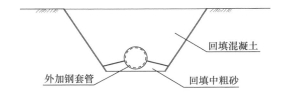

工艺说明：

(1) 为了保护场道下管线，并利于管道的维修，场道下增设钢保护套管。

(2) 在管道埋设的区域，应按照设计要求，管基用200mm厚度的砂基夯实，回填时先回填细砂至管顶20cm，道面下再用C10混凝土回填至道面底；其余部分回填在距管外壁200～300mm内，切勿用块石、碎石及砖块回填，应先回填砂土或好土，然后再回填其他土类。

070110　室外给水排水管道检查井井盖安装措施

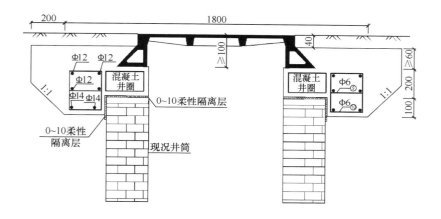

工艺说明：

（1）以检查井井中为中心，进行开挖。上口直径：2.2m，下口直径：1.8m，深度：40cm（距设计路面高）；

（2）井筒上面铺设普通油毡等隔离材料并进行钢筋绑扎；

（3）采用螺丝杆支顶等支垫方法准确安装检查井井圈；

（4）一次性浇筑水泥混凝土，浇筑至道路沥青表面层底面高度。拉毛处理水泥混凝土表面，保证粗糙度。

135

第八章 热源及辅助设施

080101 屋面太阳能集热器安装

工艺说明:

(1) 屋面太阳能集热器与建筑主体结构通过预埋件连接,预埋件应在主体结构施工时埋入,预埋件的位置应准确,当没有条件采用预埋件连接时,应采用其他可靠的连接措施,并通过试验确定其承载力。

(2) 太阳能集热器的最佳布置方位,是朝向正南或南偏西5°,若受条件限制时,其偏差允许范围在±15°以内。

080102 锅炉燃烧器安装

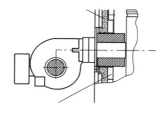
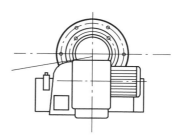

工艺说明：

（1）燃烧器标高的运行偏差为±5mm。

（2）各燃烧器间距的允许偏差为±3mm。

（3）调风装置调节应灵活、可靠，且不应有任何卡、擦、碰等异常声响。

（4）燃烧器与墙体接触处，应密封严密。

080103 锅炉消音器安装

工艺说明：

(1) 消音器安装前，顶部钢结构梁不得提前安装。

(2) 消音器外壁不得与钢架接触，应保持 150mm 间距。

(3) 消音器安装需保持水平。

080104 烟气冷凝器安装

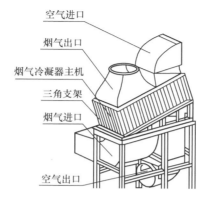

空气进口
烟气出口
烟气冷凝器主机
三角支架
烟气进口
空气出口

工艺说明：（1）水压试验压力为 1.4MPa。（2）烟气冷凝器进出口水温度表、压力表、烟温表加装在相应的进出口烟道上。（3）设备垂直安装，架空安装时在底盘位置用钢架支撑并固定在地面上。（4）下部冷凝水排放管接至排水沟。（5）设备水侧使用压力小于等于 1.0MPa，使用温度小于等于 85℃。

080105　大型管道及钢制烟囱焊接对口间隙的调整

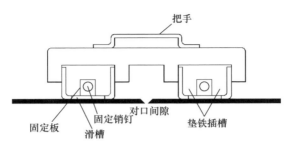

把手

对口间隙

固定板　　固定销钉　　　　　垫铁插槽
　　　滑槽

工艺说明：

（1）将固定板焊接于管道（烟囱）本体上。

（2）将固定板插入对口间隙调节装置滑槽，并用固定销钉固定。

（3）将楔铁砸入垫铁插槽，通过斜面调节对口间隙，直到满足规范要求为止。

（4）对口间隙调节完成后，将焊口点焊固定。

080106　大型管道及钢制烟囱焊接错边量调整

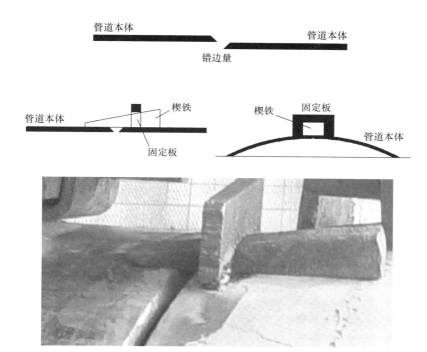

工艺说明：

（1）首先将固定板满焊于管道或钢制烟囱本体上。

（2）将调节楔铁通过固定板的调节孔砸入，楔铁平面紧贴管道或钢制烟囱本体。

（3）将本体错边量调节至满足规范要求后，再进行对口间隙调节，调节完成后，将管道或钢制烟囱进行点焊固定。

080107 锅炉及供热管网安全阀的安装

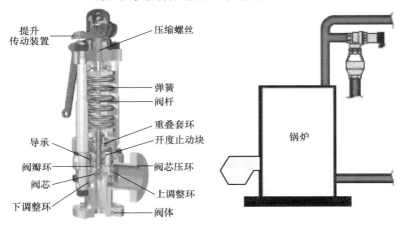

工艺说明：

（1）安全阀安装前必须到有资质的检测所进行动作压力校验。

（2）安装前必须区分清阀体的进水口及出水口。

（3）安全阀安装过程中不得破坏、磕碰阀门进、出水口密封线。

（4）安全阀出口不得敞口，需接至软化水箱或排污管沟。

080108 集分水器安装

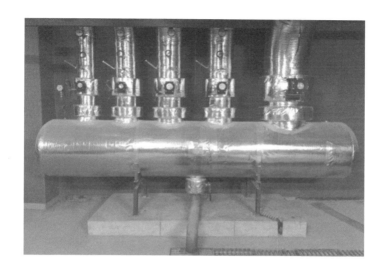

工艺说明：

(1) 安装前按照设计要求对设备基础位置和尺寸进行复验，主要检查项目：坐标位置、外形尺寸、平面标高。基础外观质量需符合要求：表面无裂痕、缺角、露筋，预埋铁表面应平整。

(2) 支架安装水平，高度根据深化图纸确定，但最高不得高于1000mm，集分水器找正调平后紧固。

(3) 为保证筒体能自由伸缩，支架一端应与筒体预留件焊接固定，另一端采用托架。

(4) 排污管应引入就近排水沟内。

080109 容积式换热器安装

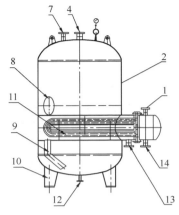

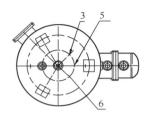

1—热媒出口管口；2—罐体；3—温包管管口；
4—热水出水管管口；5—压力表；6—温度计；
7—安全阀接管口；8—人孔；9—热水下降管；
10—支座；11—U形换热管；12—排污管口；
13—冷水进水管口；14—热媒入口管口

工艺说明：

（1）安装前进行基础底座验收，包括基础标高、平面位置及形状、地脚螺栓位置等。

（2）对支座进行固定，通过地脚螺栓进行设备加固，在加固时，在设备支座下方垫付胶垫，起到减震的作用。

（3）压力表、温度计安装时应考虑表面方向，应便于观测，阀门安装方向、高度应合理，易于操作。

（4）安全阀安装前须到规定检测部门进行测试定压，安全阀必须垂直安装，其排出口应设排泄管，将排泄的热水引至安全地点。

080110　卧式循环泵安装

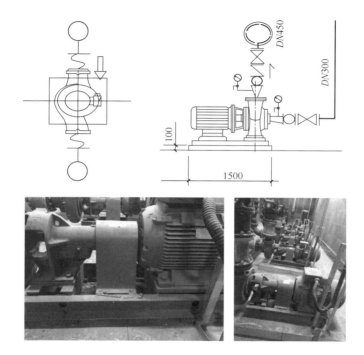

工艺说明：

（1）安装前应核对现场基础与水泵底座是否匹配；

（2）电机轴承与叶轮轴承应在同一中心线上，且靠背轮周围间隙应一致；

（3）水泵安装水平偏差不应大于1/1000；

（4）水泵运行前应进行手动盘车，过程中不得有异响。

第九章 管线深化

090101 走廊吊顶内管线排布

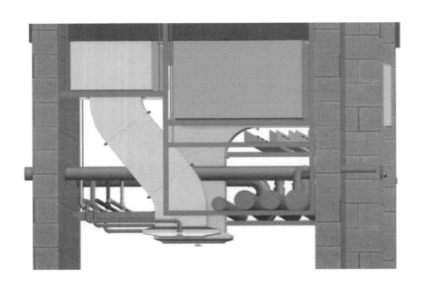

工艺说明：

(1) 小管避让大管，有压管避让无压管，水管避让风管，电管、桥架应在水管上方。先安装大管后安装小管，先施工无压管后施工有压管，先安装上层的风管、桥架，后安装下层水管；

(2) 管线布局有序、合理、美观，最大程度提高和满足建筑使用空间；

(3) 各专业管线综合尽量考虑采用综合支吊架。

090102 大空间吊顶内管线排布

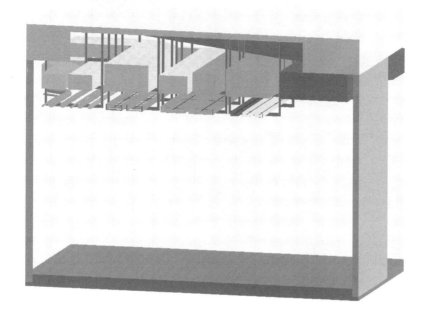

工艺说明：

（1）空间比较大的区域，应充分利用吊顶内的空间，管道平铺排布；

（2）管道分层考虑维修少的风管在上，维修量大的水电管线在下；

（3）管道之间预留足够的安装及检修操作空间；

（4）管道与桥架之间排布间隙，应满足电缆敷设时的操作空间。

090103　机房内管线排布

工艺说明：

（1）设备机房的管线排布应突出简洁和美观；

（2）设备的布置要充分考虑吊装路径和维修空间；

（3）相同功能的管道尽量排布在一起且标高一致；

（4）通风和防排烟管道在机房管道布置完毕后根据空间情况进行重新设计和调整；

（5）电气部分合理利用各种空间穿插，优先考虑最上部空间。